黑潮 25 年
人文與科學調查紀錄
首度公開

黑潮尋鯨

遇見噴風的抹香鯨

策劃
財團法人黑潮海洋文教基金會

專文推薦

返潮 從地誌到海誌

From Topography to Thalassography

文／吳明益 作家

「究竟要怎麼接近鯨豚，才是尊重牠們呢？什麼樣的距離、什麼樣的速度、什麼樣的方式？」——《黑潮尋鯨》

十幾年前，我讀到一本迷人的書，那就是由柏托洛帝（Dan Bortolotti）二〇〇八年所寫的《藍鯨誌》（Wild Blue: A Natural History of the World's Largest Animal）。柏托洛帝並不是科學研究者，他因緣際會認識了鯨豚領域的科學家，並且開始對藍鯨的追索，最終完成這本關於藍鯨的自然史。我很喜歡這本書的英文書名，一時之間你可能會誤以為是把藍鯨（Blue Whale）倒裝了並且恰成隱喻，對人類而言，多數人沒有見過的藍鯨不只是一種生物，還是神祕、不可理解的野性之藍。

之後國外各種鯨豚的科普作品愈見普及，專業研究者也加入了這類型作品的寫作行列。近年來我注意到另一本有意思的作品是澳洲作家Rebecca Giggs所寫的《Fathoms: The World in the Whale》，這本書的書名並不容易翻譯，因為Fathom既是一種深度的計量單位，也暗示著這些在千噚之下的神祕生命，以及牠們所存在的那個尚待深潛探究的世界。

當我拿到《黑潮尋鯨》的書稿時，首先發現這些多數我認識的夥伴們，組成了一支混合的知識解說、書寫隊伍，他們有鯨豚研究者、水下攝影師、報導者與寫作者，以及一群因為著迷於海，把海當成生命基地的解說員。一九九八年成立的黑潮海洋文教基金會，把這些人以神祕的渦流聚集在一起，成為臺灣除了政府的海洋研究單位以外，出版海洋作品最多的一個生產地。一九九六年觀察到的虎鯨，意外成為這個島嶼東岸集結海洋與鯨豚文化的一種力量，直到如今。

這本書從鯨的自然史與文化史交錯的方式寫起，從有關鯨的文學與文化寫起，慢慢引導讀者進入科學議題，然後回歸在地探索的領域，最終回到保育行動上。可以發現編者很有意讓書本像洋流一樣，默默地帶讀者進入某些地方，看過某些風景之後，回到黑潮所倡議的議題上。

大約二十年前，臺灣開始流行「地誌書寫」（topographic writing）的研究，地誌這個詞是結合了希臘文的地方（topos）和書寫（graphein），與我同校的吳潛誠老師就把它用在花蓮兩位重要詩人楊牧和陳黎描寫地方的作品上。不過單獨由作家寫的地誌，往往在地方性的描寫（loco-descriptive）時侷限於個人的經驗，簡單地說，就是我們不太可能只憑一兩個作家來塑造一個立體的「地方」。後來我試著把地景和文學與文化想像連結起來，提及臺灣除了海洋書寫以外，還應該可以探討山岳書寫、河流書寫，並且把相關的作品視為觀察「地方性」變化的一種管道。

「地誌」這個詞在文化研究上成為結合地理科學與文化、藝術的概念，那麼「海誌」（Thalassography）的建立，就能把海洋研究和相關的文化、藝術結合起來，來觀察一個地方的「海洋性格」的變化。像是密西根大學出版的《The Sea: Thalassography and Historiography》，就強調海洋的研究連結上個人或群體文化，會改變人們看待歷史的方式。

我認為作為一個海島國家，臺灣數十年來漸漸從大量移民所引入的大陸性格，重新「返潮」到海洋性格的本質裡，這是我十幾年來在「黑潮」的真實感受。黑潮海洋文教基金會從一個公民研究的契機發生，但不限於科學之路，陸續加入了許多文化的力量，與在地的互動也愈見沉澱深刻，因而彰顯出這樣的體質。從二〇一六年的《黑潮洶湧》，到《台灣不是孤單的存在》、《海的未來不是夢》以及結合科學計畫和藝術工作者的《黑潮島航》，黑潮的出版已經是臺灣「海誌」裡的重要拼圖，它不只是科學研究，還是公民行動、個體情懷。

這本《黑潮尋鯨》以臺灣周遭海域的抹香鯨為核心，這是因為長期的記錄讓黑潮發現，二〇二〇年之後抹香鯨在花蓮海域出現機率的大幅增加，可能帶有某種科學上的意義。書裡不但寫了抹香鯨的自然史、文化史，也引導讀者認識新的研究方式——比方說如何把侵入性的十字弓、獵槍將衛星標籤射在鯨豚身上，演變成在船隻靠近鯨豚時，透過長竿子將衛星標籤吸附在鯨豚體表。這不但是科學的進步，也是人對待其他生命與環境的心態轉變。因此，抹香鯨的「返回」，也從科學上的意義回頭說明了文化上的意義：或者這個地方的人，對待海洋的態度已經有所轉變。

這種轉變是個體連結成的群體形象，像是書裡提到「花小香」、「花小清」的發現史，也就是許多人的生命史。在海上觀察鯨豚時，船上人員彼此的一句「有沒有認識的？」是數字與資料潛入觀察者的大腦與心之後，產生的微妙生命改變。

我特別喜歡這本書也把幾次特殊的擱淺鯨救援與對應，寫成了「科學與倫理教材」。科學家同時也是人，而一般人在建立基礎科學知識後也會主動地進行更複雜的價值判斷，寫下這些歷程是「海誌」裡附註般的「剖心」，也是書寫行動的真正意義。

請原諒我沒有在這篇篇幅有限的文章裡，對這些我或認識或不識的海洋夥伴一一唱名，說明他們在這本「海誌」裡的位置，但出版的意義並不是團體中的互相唱和，而是把鯨詠傳遞到讀者那頭去。正如書裡寫到的，讓「鯨魚的聲音不只振動你的鼓膜，還會震撼你的心。」

從地誌裡的村誌、山誌、河誌到海誌，適逢今年「海洋保育法」在立法院三讀通過，希望這本書能成為一種邀約，「讓我們的精神文明返回大海浪潮」的邀約。

專文推薦

海洋中智慧與共生的追尋

文／陸曉筠　海洋委員會海洋保育署署長

幼時，從畫噴水（應該是噴氣）的鯨魚描繪海洋，年少時，從《白鯨記》裡的故事幻想海洋。當時一直無法想像如果在海上遇到鯨豚，瞬間的情緒會是什麼？

直到十多年前在花蓮海域遇到一群群飛旋、花紋、瓶鼻海豚……似乎懂了，當下的悸動衝擊著內心跟海的連結，以及想要多瞭解一些、多做一些的感動，這是大海給人的撼動及力量。讀著《黑潮尋鯨》似乎又看到當時的感動，每一頁的文字與影像都牽引著血脈中與海相連的情感……。

臺灣海域蘊育著豐富的鯨豚資源，在全球九十多種鯨豚中，目前記錄有三十三種鯨豚曾在臺灣周遭海域出現，約是世界鯨豚種類的三分之一，但我們對海洋的熟悉度沒有陸域高，對這些豐富的鯨豚資源瞭解更為有限。瞭解才能對我們的海洋保育有更務實的行動，但海洋研究相對的困難度高，鯨豚的研究更是難上加難，這本書呈現研究者及公民科學的力量，他們透過聲音探測抹香鯨的行徑，用影像記錄牠們的動作，解讀著牠們每一次優雅的出現與消逝。這些實際調查不僅是知識的累積，更是一場場與抹香鯨的深情對話。在黑潮流動的生命韻律中，更加深對這片神祕海洋的認識，也更感受到牠們的溫柔力量，《黑潮尋鯨》帶著我們從科學的角度解讀著抹香鯨。

這是一本談抹香鯨的海洋文學，也是一本解讀抹香鯨的科普書，又是一本記錄臺灣抹香鯨人事物的紀實報導。

臺灣，何其有幸，有著黑潮流經，帶來豐沛的資源，隨著人類活動和環境變遷，抹香鯨的生存環境也面臨各式挑戰，每一次的鯨豚救援，都是一次的奮戰與心慟。這本書帶領我們在黑潮的海洋中尋找抹香鯨的身影，也認識投入海洋鯨豚保育的力量。感謝有這群人，臺灣的海域才能隨著不斷流動的黑潮，讓抹香鯨的故事持續在人們心中流轉，成為鼓勵我們保護海洋、珍惜生態的動力。這不僅是一個保育計畫，更是一項人與海洋共生的承諾。

誠摯推薦

在臺灣東部航行是浪漫的體驗，而抹香鯨是我在太平洋最嚮往的海獸，可惜我與抹香鯨的一期一會尚未出現。原本以為《黑潮尋鯨——遇見噴風的抹香鯨》可以消解我對抹香鯨的念想，卻沒想到讀完這本書，竟開啟了我對「阿抹」的執念，不論是文學史料，還是科學紀錄，都有詳盡的刻劃。以這本書作為起點，我一點一點的咀嚼消化，只為了在與阿抹相遇的那一刻做好準備。也拜服書中的每一位夥伴，這幾年我透過臺灣白海豚保育工作，認識許多在不同戰線上努力的朋友，也同時體會到涓滴如何匯成洪流，每一位夥伴都透過持續多年的堅持，為鯨豚投注心力，才匯集出這本書，會不斷激起對抹香鯨更多瞭解的渴望，讀者慎入啊！

——**郭佳雯** 社團法人台灣蠻野心足生態協會研究員

科學推動了科技的進步，也為海洋與鯨豚保育的永續發展奠定了堅實基礎。黑潮海洋文教基金會透過這本書，分享多年來於臺灣東部海域累積的鯨豚保育資料與動人故事，讓讀者彷彿隨著調查船一同出航，既學習鯨豚生態的科學調查方法，也感受到那份堅持不懈的保育熱情。隨著書頁翻動，彷彿與東部海域的鯨豚及壯麗的沿岸風景產生了緊密的連結。貿聯為各產業提供多元應用的連接解決方案，黑潮則致力於連結人類與海洋，兩者雖屬不同領域，卻同樣為社會創造了有形與無形的連結。這本書將連結你和大海，讓你渴望登船出航一探，並期盼與抹香鯨相遇！

——**梁華哲** 貿聯集團董事長

海洋有靈魂嗎？如果有，那會是什麼形象？或許，最能代表海洋靈魂的，正是鯨豚那碩大而深邃的身影，牠們在悠久的時光中，默默見證著大海的神祕與永恆。第一銀行致力於透過綠色金融發揮正向影響力，並積極與社會各界攜手合作，共同守護臺灣珍貴的自然環境。黑潮海洋文教基金會是第一銀行的重要合作夥伴，近三十年來深耕鯨豚保育，並肩負起海洋教育的重任，將海洋故事一代代傳遞下去。

本書是《黑潮尋鯨》系列的首部曲，帶領讀者隨著黑潮資深鯨豚保育夥伴的步伐，深入瞭解鯨豚保育的奧祕。在這段旅程中，我們將潛入抹香鯨那無盡的藍色夢境，體會保育工作的重責與悲喜，並聆聽浪潮中永不斷絕的古老故事。這些故事，正是我們與海洋之間，世世代代延續的永恆聯繫，值得推薦。

——**李嘉祥** 第一銀行總經理

策劃本書的黑潮海洋文教基金會二十五年來與一群學者、專家及志工，用對海的熱愛持續投入在臺灣東部海域的鯨豚生態保育。書中分享遇見抹香鯨的故事，也分享鯨豚生態的科學調查，透過生動的圖文呈現，讓我們從世界知名的「抹香鯨」在文學與歷史的脈絡，到臺灣在地的抹香鯨生態及保育工作，而世界各地又是採取哪些策略來落實鯨豚保育，也讓人開始「關注」鯨豚賴以為生的海洋。書中展現的視野，讓我們理解還有很多值得繼續努力的保育工作，永豐藉此邀請更多企業與社會大眾起身行動，支持保育海洋與鯨豚生態，共同為我們的下一代儲存一個永續的未來。

——**林本明** 永豐金控永續長

目次

推薦序 2
20個QA認識抹香鯨 10
前言 航向大海尋找ONE PIECE 16

part 1
從想像到相遇
回望人與鯨的時光隧道
文—張卉君
22

一期一會的相遇瞬間 24
從前從前有一隻鯨魚 28
「鯨光閃閃」的文學明星 32
抹香鯨的「鯨」氏紀錄 38
從捕殺到保育 40
繼續航行記錄下去 42

part 2
出發找阿抹！
黑潮海上調查實錄
文—陳冠榮、余欣怡
44

調查實錄 這隻抹香鯨好像來過 48
科學解說 目擊紀錄，鯨豚科學調查START 54
調查實錄 又見少年花小香 56
科學解說 Photo-ID，鯨豚身分證 58
調查實錄 阿抹起飛了 62
科學解說 空拍攝影，鯨豚研究的好工具 66
調查實錄 聽見抹香鯨的聲音 70

科學解說 水下錄音，鯨豚語音翻譯 App 74
調查實錄 水面下的精采 76
科學解說 生物檢體採樣，幫鯨豚做健康檢查 82
調查實錄 成為公民科學家 86
科學解說 當代科技，跨國追蹤鯨豚動態 90

part 3 全球保育進行式
守住與鯨共生的海洋綠洲
文—蔡偉立 92

全球抹香鯨保育基地 94
花蓮賞鯨與生態調查 110
擱淺的環境警訊 114
促進地球養分循環的鯨魚幫浦 120

part 4 守護鯨豚的人
紀錄、救援與研究
文—莊慕華 126

在科學與理性之前，定格動人一瞬——金磊 128
生死有命，擱淺救援的接力賽——王浩文 134
解剖與研究，累積鯨豚資料庫——姚秋如 140
先有發現，才能想像——林俊聰 146
每一隻都很可愛——王建平 152

part 5 乘著黑潮一起追風
東部海域抹香鯨圖鑑 158

Photo-ID 是一個積沙成塔的過程 160
後記 七星潭抹香鯨寶寶擱淺救援紀實 168
附錄 參考資料彙整 174

20個QA認識抹香鯨

文／沈宥彤、林東良、李怡欣 攝／陳玟樺 Zola Chen

鯨豚小百科

人們口中的鯨豚，大型的是指「鯨魚」、較小的被稱為「海豚」；其實還有一類體型更小的則被稱為「鼠海豚」。但在生物學的分類中，俗稱的鯨魚、海豚、鼠海豚，一樣都是「鯨」，牠們都被分類在「哺乳綱→偶蹄目→鯨下目」，其下再分為「鬚鯨小目」和「齒鯨小目」。知名的藍鯨、大翅鯨是分類在「鬚鯨小目」中的物種，而抹香鯨則是「齒鯨小目」中體型最大的物種。

Q1 抹香鯨有多大？

雄性抹香鯨可以長到十四到十八公尺，體重可達四十到六十噸，雌性抹香鯨雖然體型較小，但也有十至十二公尺長、二十到三十噸重。

Q2 真的有《白鯨記》裡寫的白色抹香鯨嗎？

《鯨豚博物學》作者大隅清治記錄，一九五七年四月在日本北海道厚岸町大黑島離陸地約一百八十海浬曾捕獲一頭白化的抹香鯨，日本攝影師水口博也在一九九八年出版的《クジラ イルカ大百科》（鯨豚大百科）封面有一隻白色抹香鯨的照片，二〇〇六年及二〇一五年在義大利薩丁尼亞島北方海域也有目擊過白色抹香鯨。

Q3 抹香鯨是潛水高手？

抹香鯨曾被記錄潛到超過兩千公尺的深海，是目前人類水肺潛水深度世界紀錄三百三十二公尺的六倍以上！而且在一分鐘內就能潛到三百公尺深，還可在深海中待將近一個小時。

Q4 抹香鯨每天睡多久？

抹香鯨的睡覺時間比大部分哺乳動物都要少，生物學家研究，抹香鯨每次只要睡十五分鐘就能恢復體力，一天下來的睡覺時間只有一點七小時。那剩下時間牠們在做什麼？因為抹香鯨每天需要吃下大量的食物，所以大部分的時間都拿來覓食了！

Q5 抹香鯨的睡姿很奇怪？

抹香鯨通常是頭上尾下集體直立睡覺，看起來很像海中的巨石陣（但偶爾也有橫倒或尾上頭下的特例）。

Q6 抹香鯨吃什麼？

抹香鯨以槍烏賊跟深海魚為主要食物，牠們通常在四百公尺以下的深海覓食，所以搭乘賞鯨船看到抹香鯨時不需要餵食牠們，不只牠們不吃人類的食物，餵食保育類動物也會違反「野生動物保育法」喔！

Q7 為什麼抹香鯨都在浮出水面時便便？

抹香鯨在深海是不會便便的，因為深潛時牠們體內的血液和氧氣只供應大腦運作和尾部運動等必要功能，其他生理機能則進入暫時關閉的狀態，當牠們回到水面呼吸停留時，才在淺海舒壓解便。

Q8 抹香鯨用「摩斯密碼」跟其他夥伴溝通？

多數齒鯨透過有點像吹口哨的「哨聲」與其他夥伴溝通，但抹香鯨發出的是像爆米花又有點像摩斯密碼的「喀答聲」。近年科學家試著利用AI解讀抹香鯨的摩斯密碼，發現不僅有長短節奏的變化，甚至有類似音標的抑揚頓挫，雖然還不能確定這就是抹香鯨的語言，希望未來我們可以對抹香鯨的密碼有更多認識。

Q9 抹香鯨的英文名字為什麼是Sperm Whale？

Sperm是精液的意思，因為牠們又大又方的頭裡面，充滿常溫下呈白色液態的鯨蠟，十八世紀捕鯨的人誤以為那是抹香鯨的精液而稱之為spermaceti，後來才知道是鯨腦油。在電燈尚未發明的時代，蠟燭就是鯨腦油做成的呢！

Q10「龍涎香」是什麼？跟抹香鯨也有關係？

看起來就像一顆石頭的龍涎香，竟

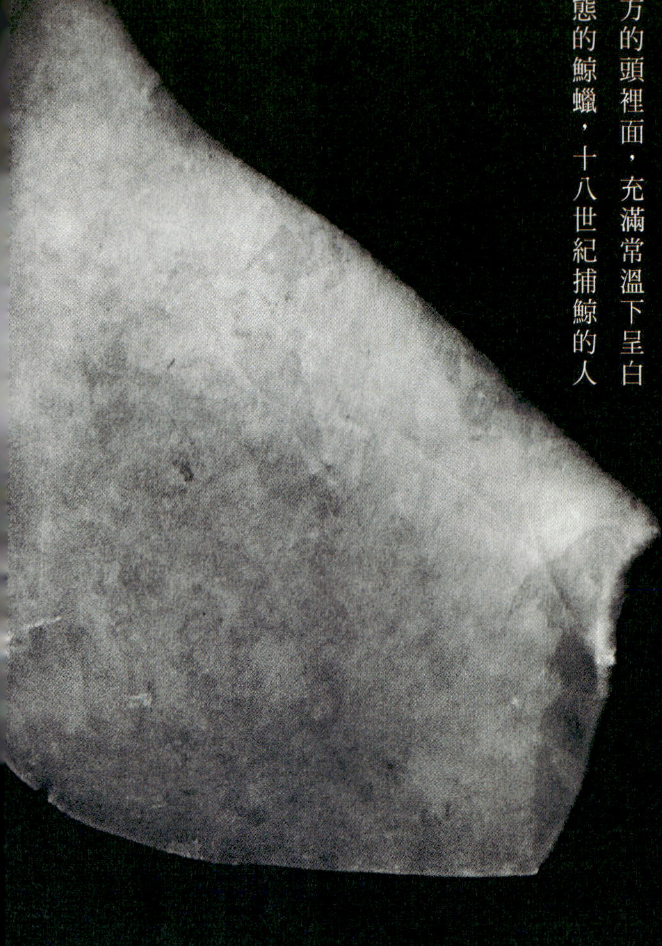

是古代四大名香「沉檀龍麝」中最稀有的香種！因為龍涎香取自抹香鯨的腸道，有人說是便秘的產物，也有人認為是消化不良的嘔吐物，但應與消化器官的結石更接近。由於龍涎香的氣味已經能夠人工合成，可以減少非法捕殺抹香鯨的狀況。

Q11 抹香鯨會洄游嗎？

有別於藍鯨、大翅鯨等鬚鯨有穩定的季節性洄游路線，抹香鯨的洄游狀況依群體組成有所差異：母子育幼群主要出現在溫暖的熱帶、亞熱帶海域；脫離媽媽保護的「單身漢群」則在溫暖的月份中向低緯度遷徙；年紀更大的「成年雄鯨群」則是世界旅行家，牠們有時定居，也有可能遠行探險，前往更遠更寒冷的地方探索新的獵場。

Q12 臺灣什麼時候最容易看到抹香鯨？

六到八月是抹香鯨在花蓮海域出現的高峰期，這段時間也是陽光明媚、風平浪靜的賞鯨好日子，容易暈船的朋友最適合在這個時候快樂出海賞鯨去。

Q13 抹香鯨出沒會有什麼線索？

抹香鯨的噴氣孔在頭頂的左側，所以噴氣的氣柱會斜斜的，這是抹香鯨與其他鯨豚不同的出沒線索。

Q14 遇到擱淺的鯨豚怎麼辦？

有的人會想要把鯨豚推回海裡，但如果鯨豚本身的健康與體力不好，這樣反而會讓鯨豚嗆水（就像你如果在

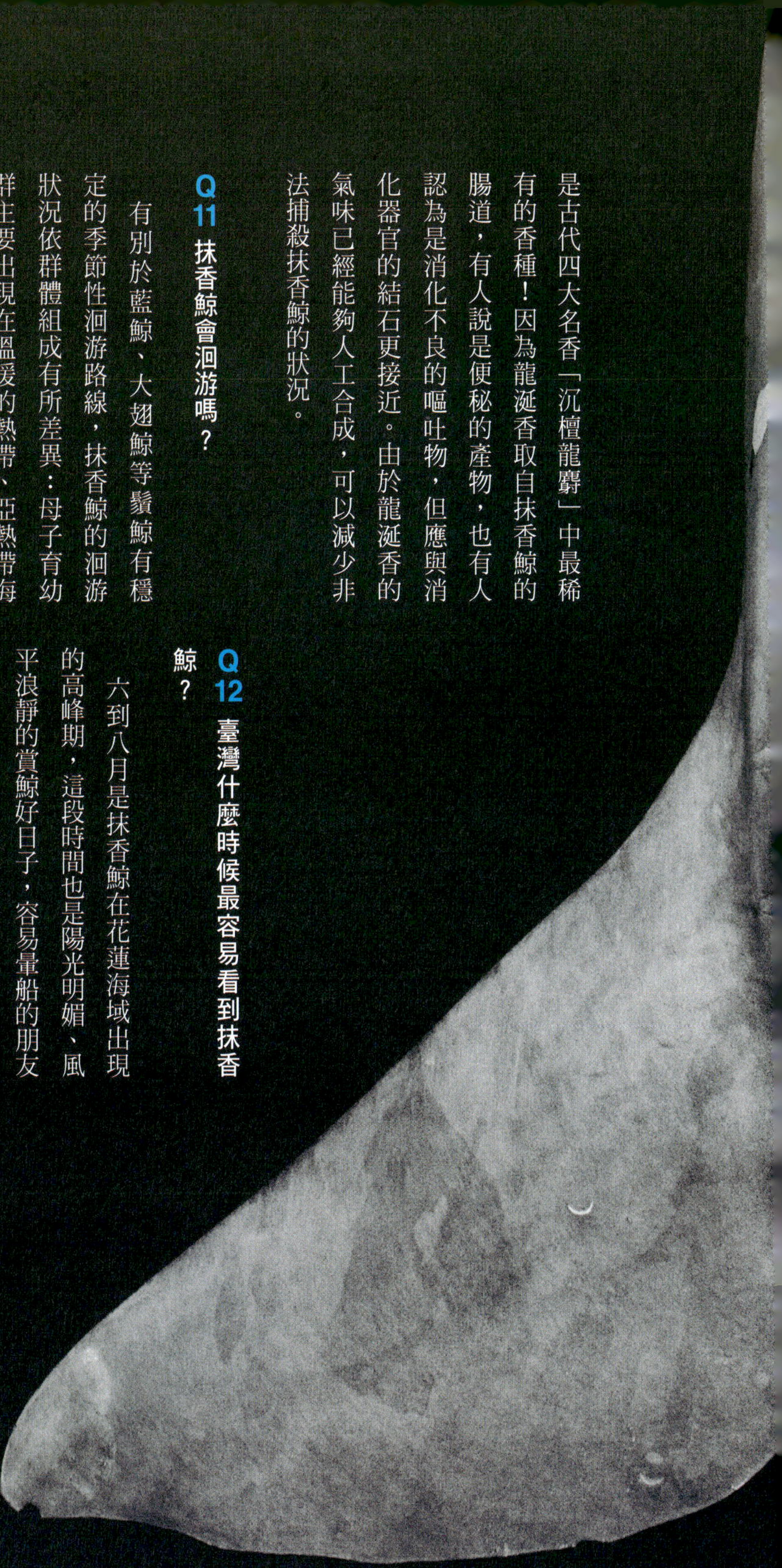

游泳池裡面嗆到，游泳教練還一直把你推回游泳池一樣的感覺），若遇到鯨豚擱淺，應該先通報海巡署報案專線一一八，交給專業的來。

↓關於鯨豚救援可以翻到第三章。

Q15 抹香鯨還有哪些綽號？

與黑潮海洋文教基金會合作調查的船長船員叫牠們——噴風的（pùn-hong-ê），又因為牠們在海面上的模樣實在太像漂流木，也有討海人叫牠們——棺材頭（kuann-tshâ-thâu）。黑潮解說員還有為看過的抹香鯨取綽號呢！

↓翻到第五章看看這些抹香鯨好朋友吧！

Q16 黑潮海洋文教基金會如何進行海上鯨豚調查？

透過賞鯨船可以從短暫的目擊觀察留下基礎資料，像是種類、行為、位置等，但對於鯨豚生態習性的瞭解則需要透過特別規劃的調查船來進行。黑潮的調查船會在海上長達八至十小時，循著規劃的路線航行，目擊鯨豚時便展開相應的調查工作，為降低干擾會保持距離遠遠的「監視」著鯨豚的行為狀態。

↓翻到第二章看黑潮怎麼做海上調查吧！

Q17 抹香鯨可以從哪個部位做Photo-ID（辨識個體）？

不同種鯨豚的辨識部位有些許差異，花紋海豚是背鰭的花紋及缺刻，抹香鯨則是以尾鰭末端的缺刻與傷痕來辨識個體。

↓想深入瞭解抹香鯨的Photo-ID可以翻到第五十八頁。

Q18 黑潮海洋文教基金會為何發起「海洋綠洲計畫」？

二〇二一年黑潮海洋文教基金會展開「海洋綠洲：東海岸鯨類保育計

畫」，除了調查鯨豚生態之外，也記錄花蓮海域軍事活動、海洋垃圾以及漁業捕撈作業，計畫向國際自然保育聯盟（IUCN）申請「海洋哺乳動物重要棲息地」（IMMA）認證，希望藉此讓花東海域劃設海洋保護區（MPA），往聯合國生物多樣性大會協議的「三十乘以三十」目標前進。

Q19 抹香鯨有滅絕的危機嗎？

目前抹香鯨在國際自然保育聯盟（IUCN）紅色名錄中被列為易危物種（vulnerable）。主因是抹香鯨生長速度很慢，加上每次懷孕只產一胎，之後要間隔四到六年才能再次懷孕，導致抹香鯨數量在商業捕鯨時代結束後仍未明顯回升。

Q20 保護抹香鯨對地球好處多多？

二〇一九年國際貨幣基金組織（IMF）發布的研究結果評估，一隻大型鯨魚約可固碳三十三噸並創造兩百萬美元的價值，面對全球暖化的議題，保育鯨豚也許是拯救地球的解方之一！

↓鯨豚如何固碳呢？可翻到一百二十頁！

前言

航向大海 尋找ONE PIECE

文／林東良 黑潮海洋文教基金會執行長

如果邀請你出航體驗一趟冒險之旅，你決定動身的理由會是什麼呢？

如果面對寬闊的大海，沒有另一個渴望抵達的港口、海岸或島嶼，沒有渴望追尋的ONE PIECE、金銀島或莫比迪克，如果對世界與生命沒有想像與渴望，那麼我們也許就不需要大海，也更不會動身出航去追尋。

重要且急迫的事：承接擱淺的生命

「這是我們和抹香鯨距離最近的一次。」

二十五年來，參與黑潮海洋文教基金會的解說員和調查員，只要出海的時間夠多，多半都有在海上與抹香鯨相遇的經驗，然而，我們與抹香鯨距離最近的一次，卻是二〇二四年一隻擱淺在七星潭海灣的抹香鯨寶寶。

黑潮海洋文教基金會（簡稱黑潮）從二〇二三年開始承接花蓮縣政府「花蓮縣海洋保育類野生動物救援計畫」，成為海洋保育類野生動物救援組織網（MARN）的一員，只要通報在花蓮縣境內有鯨豚或海龜擱淺，黑潮就會收到通知。MARN的成員有許多身經百戰的鯨豚救援前輩與專家，像是專注在鯨豚救援工作的中華鯨豚協會、國立成功大學海洋生物及鯨豚研究中心等。

從鯨豚擱淺通報群組回傳的照片，初步目測體長為三公尺，隨後更細部的觀察到胎褶與未癒合的肚臍，就更確認是一隻剛出生不久的新生兒，因此幾乎確定只能夠人道處理了。再經由鏡頭的望遠端掃視鄰近海域，確認沒有其他徘徊的抹香鯨。因為鯨類可能對同伴牽掛而在附近徘徊，導

致集體擱淺。

將每一次相遇累積成臺灣的海洋故事

身為海上解說員與保育工作者，黑潮選擇投入時間在花蓮海域與鯨豚變得熟悉。早期我們誤以為活動範圍廣大的抹香鯨，在花蓮海域的每一次目擊都是一期一會的相遇，在賞鯨船上解說時的內容大抵都是抹香鯨在世界上已經被人知曉的事實。但隨著與抹香鯨相遇經驗越多，夥伴們無私地在社群中分享，個人經驗串聯成集體的故事，讓黑潮現在能夠說更多臺灣東部海域的鯨豚故事。

每一位夥伴帶賞鯨船解說回航，都會留下鯨豚目擊紀錄。有些故事的開端，可能只是解說員或調查員的一句個人經驗與直覺，「抹香鯨是不是越來越常見了？」果然，在二〇二〇年之後抹香鯨的目擊率，相較過往抹香鯨出現的目擊率大幅度增加（見十八頁歷年花蓮海域賞鯨抹香鯨目擊率圖）。二〇二一年驟減原因是臺灣爆發 COVID-19 疫情三級警戒管制娛樂活動。歷年目擊率的數據驗證了解說員的感受為真，故事也就能延續。

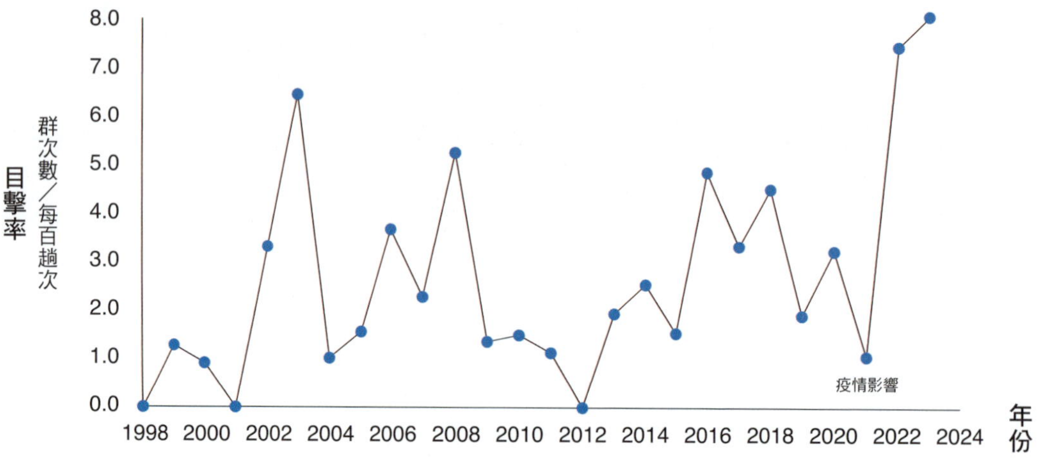

● 歷年花蓮海域賞鯨抹香鯨目擊率圖

除了目擊比例增加，解說員和調查員之中，有不少抹香鯨的狂熱份子，像是夏尊湯（湯湯）大約從十年前，就開始整理自己目擊抹香鯨時拍攝的照片進行Photo-ID個體辨識，並與其他解說員和賞鯨船船員所拍攝的照片進行比對，一個小規模的行動成果分享到社群後，很快確認了幾隻重複目擊的個體，並且為牠們取了花名，更容易將這些個體故事突出於群體，被記憶及傳頌，像是花小清、花小香、花大冠……。

夥伴們的經驗有了不錯的成果，是促成黑潮展開大規模的抹香鯨個體辨識工作的契機。主要以多羅滿賞鯨公司江文龍船長拍攝的照片來進行，陸續完成了二〇一〇年至二〇二三年的照片辨識，共辨識出九十七隻抹香鯨個體，其中重複目擊的個體有三十七隻。第一階段的資料庫建置後，黑潮也開始跟大眾募集在臺灣記錄到的抹香鯨尾鰭的照片，希望透過公民科學的力量能讓資料庫更充實，也讓更多人一起參與東部海域的抹香鯨生態調查。

黑潮資深解說員紅毛，在二〇二三年遇見了編號KU_PM008名為「花小清」的抹香鯨，他覺得尾鰭非常眼熟，隱約感覺是早年曾經記錄過的，因此回頭挖掘自己二〇〇三年用底片機在海上拍下的照片，進行一場數位考古工作。比對結果讓人興奮，真的是相隔二十年後的再相遇，久別重逢。

這一筆紀錄，讓黑潮確認了花小清至少有二十歲，在東部海域活動超過二十年。這一筆一筆累積的紀錄，是解說員和調查員以基礎科學的方式，隨著歲月與這片海域和鯨豚留下交集的紀錄，雖然人類與鯨類之間無法直接溝通，然而科學紀錄會超越個人的生命經驗，只要不

斷地有一群人關注這一片海，在時間的創作下，相信臺灣與抹香鯨的故事將會越來越豐富。

你覺得鯨豚保育最需要的是什麼？

不可否認，保育工作確實也很需要充裕的經費，然而保育工作中很多課題也不是有經費就可以實踐、就能夠解決的。

如同七星潭擱淺的抹香鯨寶寶，不會因為有經費生命就得以延續。又或者臺灣早期的漁民會捕捉鯨豚，在一九九〇年八月政府公告所有的鯨豚都列為保育類物種，自此之後捕捉鯨豚將受罰則，卻也導致許多漁民不滿、與保育理念對立。又或者將一片海域劃定為海洋保護區之後，漁業活動、觀光活動、船舶交通、軍事活動等都會受到不同程度的限制，儘管目的是為了要保育鯨豚和牠們賴以為生的海洋家園，但若社會沒有共同認同的價值，在保育政策的規範下，有經費也未必能夠補償所有產業的犧牲與損失。

選擇守護更重要的價值與意義，也就意味著必須管理其他影響保育目標達成的阻礙與威脅。也因此，會需要更多人對保育的目標和願景感到認同並支持，願意付出行動從生活中一起實踐參與，同時讓保育政策下受到損害的人可獲得適度的補償。

海洋綠洲：東海岸鯨類保育計畫

黑潮海洋文教基金會推動海洋保育工作，並渴望將之守護——多元且豐富的鯨類生態與健康的海洋家園，我們過往為此長期投入付出行動，也在二〇二一年啟動「海洋綠洲：東海岸鯨類保育計畫」，期望創造人類、鯨類與海洋永續共好的家園。

請別誤會，抹香鯨並非我們在這片海域唯一珍視的物種。拜地形與黑潮洋流所賜，東部這片海域生機盎然，讓我們感到幸運又驕傲。在花蓮長年的鯨豚目擊紀錄中，鯨類物種多樣性相當高，共累計記錄二十種鯨豚，對照全世界約九十種鯨類占比近四分之一，這片海域的美好值得讓更多海島子民一起瞭解和參與。

「黑潮尋鯨」系列書的企畫，是一本書以一種鯨豚為代表，並介紹相關的海洋議題與行動，內容涵蓋臺灣與世界的過往經驗、最新發展。目前系列規劃有三本：抹香鯨 vs. 科學調查、花紋海豚 vs. 動物福利、飛旋海豚 vs. 環境威脅。

期望透過出版，讓海洋與鯨類保育成為臺灣的文化與日常，為此我們需要更頻繁的述說與交流更多關於臺灣人類、鯨類和海洋的故事，同時也讓更多人理解，在這片海域從事保育工作，最需要的是拉近海島子民與海洋和鯨豚的距離，縮小保育與日常的資訊落差。

為什麼第一本以抹香鯨為主題？

本書第一章提及，當要人們拿一張紙畫出心目中的「鯨魚」，大概過半數的人畫的都是頭與身體不成比例的簡單曲線：方又圓的大頭……加上

流線延伸至尾部俏皮勾起的V型尾鰭，還不忘在頭頂上畫個洞，附帶噴泉一般的水柱。牠，就是抹香鯨。大眾想像中的鯨魚圖像，總是有抹香鯨的影子。

鯨類物種中相對知名的抹香鯨，在東部海域賞鯨活動雖然不是最常見，但卻也不是極為罕見的。只要你願意購買一張賞鯨船票出航，就有機會相遇；或者，持續投入一定的時間，也有機會在海上重複遇見同一隻抹香鯨。

「一方水土，養一方人。」臺灣東部海域滋養了一群熱愛大海與鯨豚的夥伴們的心，雖然海上的調查工作容易對身體帶來負擔，卻仍不減熱情持續投入。或許，是這一片海域的豐盛和不可預期，讓黑潮夥伴始終帶有希望。

這樣的故事，在臺灣的東部海域持續被創作著——以生命與生命相遇的形式，以資料與資料累積的科學方法。我們把這些故事匯集成系列書，除了因為這些紀錄很珍貴，也期待持續有人願意參與其中，如一千零一夜般繼續說下去。

關於抹香鯨的故事可能是這樣開始的：從前從前，以大海為家的抹香鯨浮出水面換氣時，被陸地上的人們看見了。從此牠們游進人類的岩畫與文明，成為文學、影劇與藝術創作的主角，甚至游入孩子們的夢裡。讓我們重回時光隧道，尋找藏身在歷史冊頁裡的抹香鯨。

part 1

從想像到相遇

回望人與鯨的時光隧道

文／張卉君　插圖／江勻楷

一期一會的相遇瞬間

「各位朋友，透過噴氣、背鰭以及動物行為等訊息，我們初步判斷，目前前方的鯨豚朋友，極有可能是近幾年在花蓮海域越來越常記錄到的抹香鯨。」

黑潮海洋文教基金會的解說員，手持GPS按下定位鍵，快速在手寫板上標記一組座標，留下抹香鯨出現在花蓮這片海域的目擊紀錄。此刻，附近海面上的船隻也都朝這裡趕來……。

一九九八年，黑潮海洋文教基金會成立並與賞鯨公司合作，隨船的解說員也身兼調查員，一邊解說海洋生態、一邊進行鯨豚記錄，一直持續到現在。

船頭前方，一抹左斜高聳的噴氣，瞬間劃破蔚藍如鏡的海面，陽光瀲灩染上彩虹水霧。解說員壓抑著激動情緒的嗓音，預告即將引燃整船遊客興奮感的爆點：「船長，兩點鐘方向……出來了，噴風

的（pùn-hong-ê）！」船長與解說員都會這樣稱大型鯨，大概是因為噴氣強而有力的關係吧！船長緩緩將船隻轉向，深怕過於急躁驚嚇到抹香鯨，就沒有機會靠近了。所有原先癱坐在船艙裡的遊客紛紛搶身逼近欄杆，伸長了好奇的頸項，張大眼睛向四周海面張望，傳說中溫柔的海洋巨獸潛在靠近的浪裡，隨時在下一拍心跳間浮出夢的邊緣，與人類近身相遇。

挺立在三樓甲板瞭望區的解說員深深吸了一口氣，在海上辨識鯨豚種類往往帶著推測，動物行為和特徵除了得要「目色好」才觀察得到，更需要一次又一次海上親身遭遇的經驗來堆疊，即使身經百戰，面對有限的觀察線索，仍然不敢輕易斷言。

船隻靠近動物，放慢至怠速狀態。

呼嘯的海風也瞬間安靜下來，失去速度的船懸在大洋中，船身微微有浪舔過，發出窸窣聲。船上所有的眼睛瞪大張望著，全心全意等待——鯨躬背後下潛入海，完美圓心的鯨尾痕圈擴散。大鯨的身軀靈敏如魅，優雅地在水域優游穿梭直至深海，那裡，是人們難以想像的神祕世界。

「目前動物暫時下潛，船隻在這裡稍微等一下，大

攝／金磊

海是鯨豚的家，端看牠是否願意接受我們的拜訪。」解說員安撫著船上眾人躁動難耐的聲響。

「科學家發現，抹香鯨是僅次於喙鯨的潛水高手，曾被記錄可以深潛至超過兩千公尺的海域，是迄今人類水肺潛水深度紀錄的六倍以上！」透過麥克風，解說員繼續利用等候的空檔，補充基本生態資訊，「抹香鯨是體型最大的齒鯨，成年的雄鯨體長達十四至十八公尺，雌鯨稍微小一些，也有約十至十二公尺。想像一下，差不多是一臺大客車的長度喔！」船頭的小朋友回頭，眼神中帶著好奇，鼓勵了解說員。

「抹香鯨主要的食物是深海魷魚等頭足類及魚類。牠的活動範圍非常廣，從極區到熱帶海域都有機會目擊。」這些簡要制式的描述，卻是人類自十八世紀開啟大規模商業捕鯨以來，歷經了將鯨豚從「獵物」到「保育動物」不同動機累積而成的生態資料。

二十年來，身著藍色背心的黑潮解說員與賞鯨船上目光如鷹的船長們，在一次又一次直擊心臟的相遇裡，開啟了辨識臺灣東岸太平洋海域抹香鯨個體的科學之路，在每一個靈魂顫慄的瞬間，保持理智且熟練的調查步驟，細細記下抹香鯨的線索，盡可能客觀描述牠的外型、體長、群次以及行為，彷彿身懷巨大深厚的愛。

從前從前有一隻鯨魚

拿一張紙畫出心目中的「鯨魚」，大概過半數的人畫的都是頭與身體不成比例的簡單曲線：方又圓的大頭、相較於頭部比例顯得不夠對稱的棒狀下顎、褶皺感的皮膚與丘陵緩坡般的背脊，加上流線延伸至尾部俏皮勾起的V型尾鰭，還不忘在頭頂上畫個洞，附帶噴泉一般的水柱；有的人加碼在腹部空白處工整描上一道道百頁窗扇形的線條⋯⋯。這些混合各科新舊物種特徵的鯨魚形象，可見從古至今人對鯨的想像與傳說。

左：一八三九年出版的《抹香鯨自然史》中抹香鯨攻擊漁船的插圖。
右：以繪有鯨豚形象的阿爾塔岩畫延伸的想像圖。

人類史上對於「鯨豚」形象的紀錄，早在公元前四二〇〇年到前五〇〇〇年間，約相當石器時代晚期於挪威出土的阿爾塔岩畫（Rock Art of Alta）中就已經發現了：當地獵人與漁民描繪了古時的狩獵、捕魚、宗教儀式等場景，以及麋鹿、魚、鯨等海洋與陸地的動物。

在令人津津樂道的聖經故事中，被耶和華派來將約拿吞進魚腹三天三夜的「大魚」，後世研究可能是鬚鯨或抹香鯨等大型鯨的化身。在古代人們的想像裡，抹香鯨如同海獸、海怪的存在，張開棒狀下顎即可瞬間將人類吞入腹內，巨大的體腔還能供人在其中生活；在《約伯記》現身的海獸利維坦（Leviathan），亦參照了巨鯨的形象。有趣的是，海獸利維坦的典故還被古生物學家用來命名已滅絕的抹香鯨近親——梅氏利維坦鯨。

二〇〇八年一群來自荷蘭、法國等自然史博物館的古生物學家，在秘魯沙漠野外考察時意外「踩到」梅氏利維坦鯨的顱骨化石，進一步在距今一三〇〇到一二〇〇萬年前的中新世岩層中，挖掘出三公尺左右的雙顎與牙齒碎片，由於體型與外貌和抹香鯨十分相似，據此推敲牠可能是抹

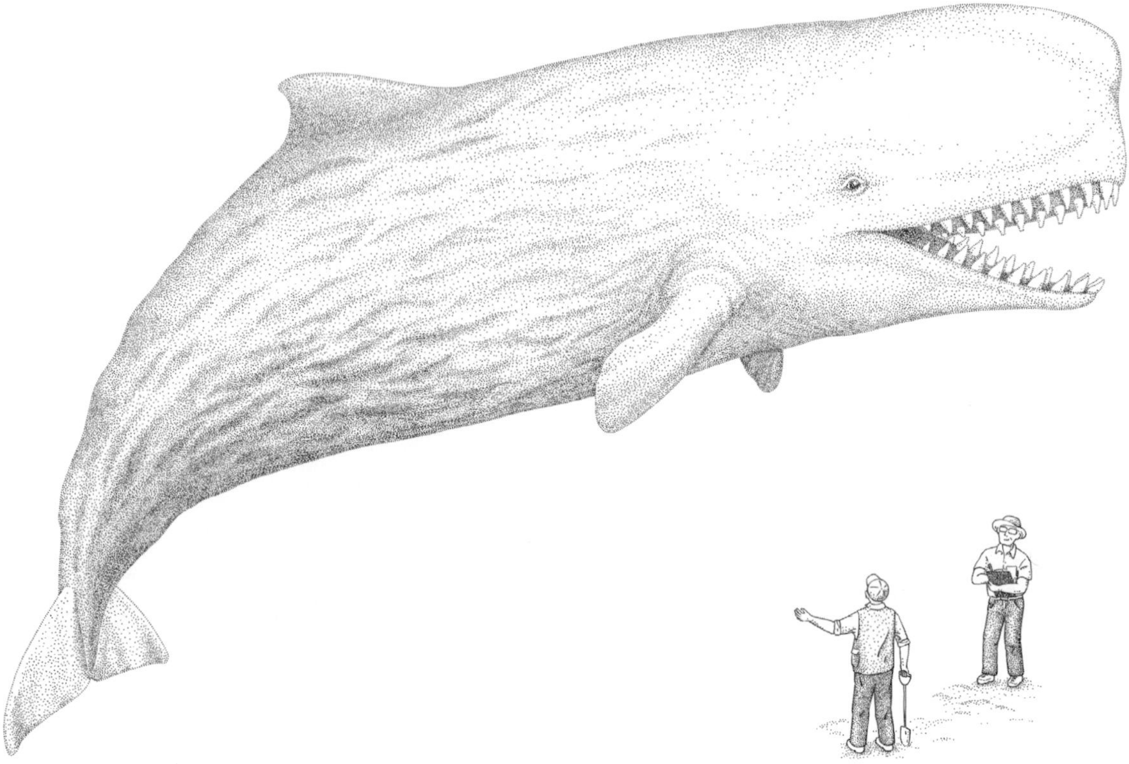

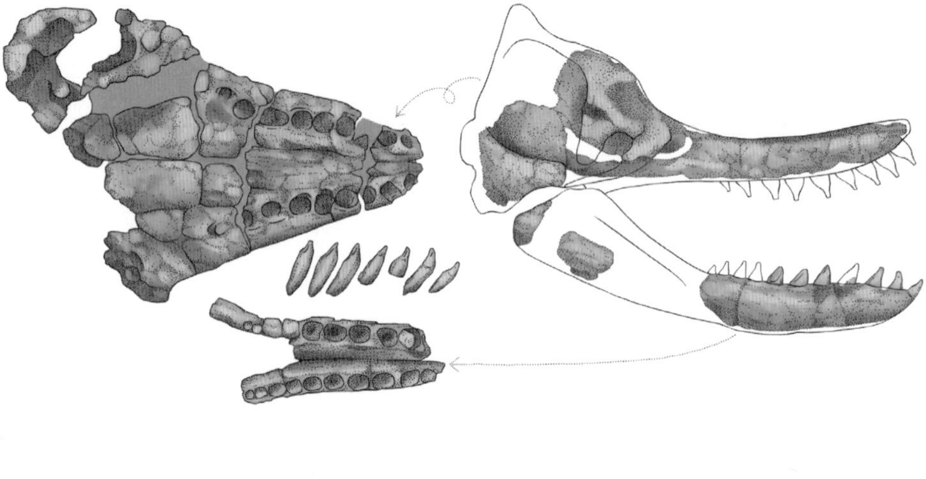

梅氏利維坦鯨的想像樣貌（上）及頭骨化石（下），從頭骨化石可見其上下顎都有巨大的牙齒，
而抹香鯨僅下顎有相對小的牙齒。

十八世紀〈福爾摩沙島與漁翁群島圖〉的臺江內海標示為「't walvis been」，為「鯨魚骨」之意，乃鯨魚聚集的地方。（國立臺灣歷史博物館典藏資料）

香鯨的近親遠祖，於是這群《白鯨記》鐵粉古生物學家們，就將其以利維坦為屬名、《白鯨記》作家赫爾曼．梅爾維爾（Herman Melville）為種小名，以學名「*Livyatan melvillei*」發表於二〇一〇年的《自然》期刊，藉此向這部百年經典致（示）意（愛）。

鯨也在臺灣的歷史中出現過，與我們並沒有那麼遙遠。在歷史文獻中，四面環海的臺灣常被稱為「鯤島」，西南沿海地區也有多處以「鯤鯓」為名，臺江內海在荷蘭古地圖中標示為「't walvis been」，意指「鯨骨之海」，目前在臺南安南區的南瀛海洋保育教育中心，以及四草大眾廟旁的陳列館，皆可看到抹香鯨骨骼標本。

不僅是漢人社會，臺灣東岸的阿美族、撒奇萊雅族或卑南族等與海洋生活密切的原住民族，也有海祭（捕魚祭）、沙伊寧（海神、鯨神）或巴萊依珊（女人島）的傳說。從頻度看來，鯨豚在過去依海民族的生活經驗裡扮演著舉足輕重的角色，比想像中還要貼近人們的生活脈絡。

「鯨光閃閃」的文學明星

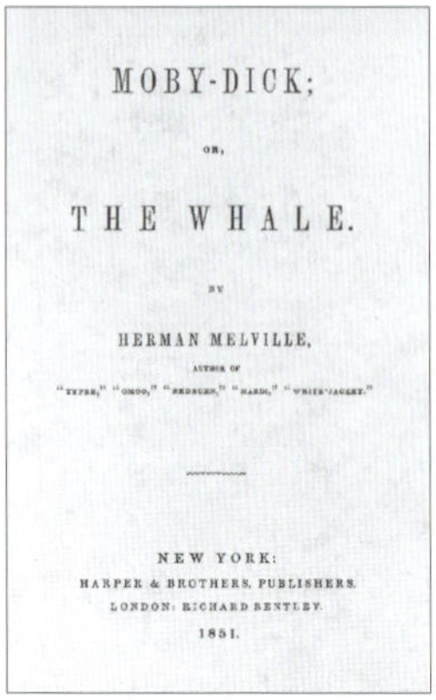

《白鯨記》第一版封面。

《白鯨記》作者赫爾曼．梅爾維爾。

「牠的寬大前額看起來就像大草原一樣溫和沉著，天生就有一種漠視死亡的沉思性格。」——《白鯨記》

以《白鯨記》為背景重新調度發展的文學創作、藝術行動和影視作品，即使在出版超過一百五十年後仍如雨後春筍般出現。每一次忠於原著或翻拍再創的影像，總能激起討論熱潮，彷彿提醒著每個世代心中的海洋夢，反覆拍擊著人對鯨、對內在黑暗好奇與探索的欲望。

在尚未從海上遇見抹香鯨以前，我們可能已經讀過赫爾曼．梅爾維爾的《白鯨記》，它描述十八世紀捕鯨船在南太平洋上航行、獵捕「大白鯨」莫比迪克（Moby Dick）的海上冒險故事。連巴布．狄倫也著迷不已的《白鯨記》，其實一八五一年於美國出版時，只有個位數字的慘澹銷售量。直到七十年後（梅爾維爾逝世近三十年）才重新獲得評價，終於在一九四〇年代晚期迎來不朽經典的地位，掀起跨越迄今近兩個世紀的文學影響力。

《白鯨記》對於捕鯨產業及海上鯨豚種類外觀特徵的描繪與交相對比，特別是以專捕抹香鯨的捕鯨船為主線的敘寫，為抹香鯨留下了生態史般的生物實錄研究資料。

《白鯨記》主角莫比迪克與人類交手的想像圖。

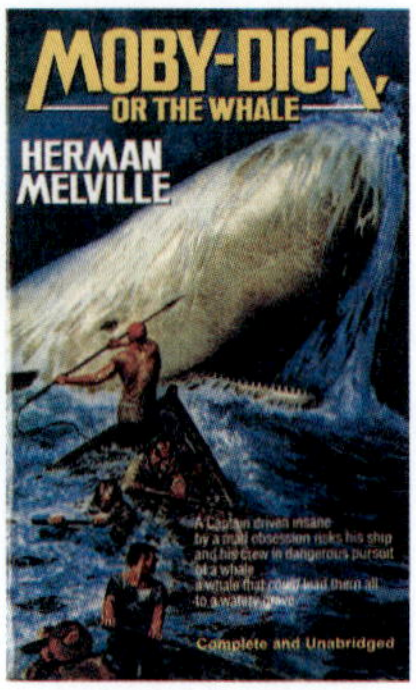

然而，在鯨豚生態學的研究史上，一八三九年由船醫托馬斯·比爾（Thomas Beale）撰寫出版的《抹香鯨自然史》被認為是《白鯨記》的前傳，其中嚴謹詳實的鯨類生理結構與生態行為，為《白鯨記》中針對抹香鯨、露脊鯨等鯨類的描述篇章，提供極重要的生態寫作依據。

而《白鯨記》的主角莫比迪克，堪稱是文學史上最「鯨光閃閃」的大明星。這頭有著白化症特徵的雄性抹香鯨，一出場就氣勢恢弘、神祕詭譎，那偉岸的身軀投射著人性最深處的欲望與征服，而其暴烈兇猛的傳說則增添了人類身處自然之中的渺小，以及無邊大海映現出深不見底的恐懼，在性格塑造上成功地吸引了大票粉絲。

自然界的白化個體本就稀有，更何況加上經典文學的添魅，更是令人心生嚮往。後世的生態愛好者自然而然也將白化症抹香鯨列為夢幻等級的傳說。那麼，白化抹香鯨是否有在近代生態紀錄中出現過呢？根據《鯨豚博物學》作者大隅清治記錄，一九五七年四月在日本北海道厚岸町大黑島離陸地約一百八十海浬海域曾捕獲一頭白化的抹香鯨，雖然該鯨在被捕獲後馬上被解剖，大隅清治無緣在製成標本前確認牠是否具有白化症特徵之一的紅色眼珠，但這筆標本紀錄仍然讓清治桑感嘆：「梅爾維爾用想像力創造出來的『白鯨』果真存在！」

梅爾維爾鋪陳了數百年捕鯨史的演進，同時也將莫比迪克這個萬眾矚目的主角現身、與人類交手的場景，鋪展於臺灣讀者熟悉的太平洋海域，有一種跨越時空的靈魂相通之感。除了文字改編、電影取材之外，改編作品也不勝枚舉。身為鯨豚迷的讀者，也許早已入手由西班

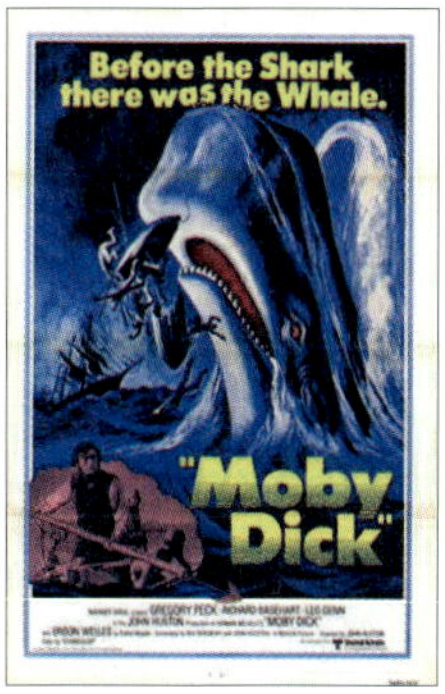

《白鯨記》相關書封及電影海報。

牙插畫家馬努葉爾・馬爾索（Manuel Marsol）延伸創作的繪本《亞哈與白鯨》，作者說：「這是一個全新的故事，我納入了原著四大重點：亞哈船長、白鯨、迷戀，與最重要的——海洋。」

《亞哈與白鯨》聚焦於亞哈船長和莫比迪克，點燃故事情節的正是亞哈船長的狂熱與執著，他傾其一生追尋莫比迪克的身影。繪者藉由亞哈船長的心圖，迤邐出一幅又一幅大海與白鯨的想像，牠看似遍尋不著，卻又無處不在，在繪者筆下，莫比迪克的智慧與從容，遠遠高過自詡為萬物之靈的人類，這場人與鯨的追獵之旅，看似亞哈船長主動出擊，卻始終是莫比迪克在控制節奏。

喜歡看電影的朋友，不妨搜尋歷年來改編《白鯨記》的影視作品：從一九二六年的默片《海獸》、一九五六年約翰・休斯頓（John Huston）導演執導的《白鯨記》，到

●《白鯨記》中文譯作

赫爾曼・梅爾維爾從十九歲便開啟他的海上冒險生涯，曾經在商船、捕鯨船上工作，也擔任過幾個月的魚叉手，甚至當過教師、海關官員。豐富的海洋經驗，讓他陸續寫出了《泰皮》、《歐穆》、《白鯨記》等作品，生前卻始終沒能在文壇中奠定位置。

《白鯨記》直到一九五七年才由譯者曹庸翻成第一本中譯本，向華文世界讀者介紹這部重要經典，中國重譯《白鯨記》的風潮約莫到一九九〇年代才點燃，前後至少有十一個中文版本。二〇一九年由陳榮彬以英文原著重新翻譯、聯經出版社推出的《白鯨記》，終於在梅爾維爾冥誕兩百周年的時刻，有了臺灣版的精彩譯作。（書封授權／聯經出版）

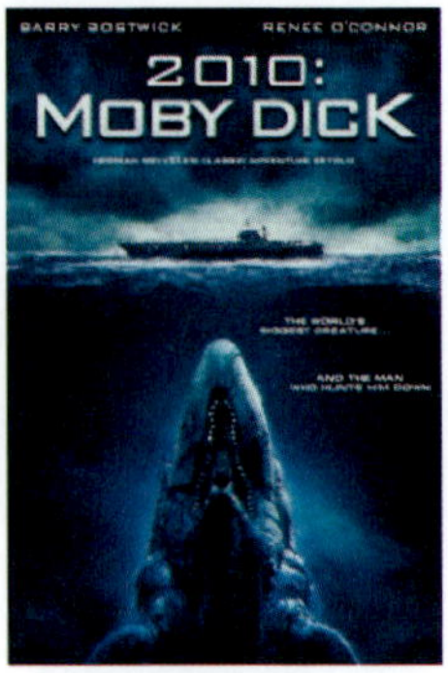

二〇一〇年同名的冒險災難片。較為近期的是二〇一六年的《白鯨傳奇：怒海之心》，以一八二〇年十一月美國捕鯨船埃塞克斯號遭抹香鯨撞沉事件為故事主軸（此事件成為梅爾維爾創作《白鯨記》的重要參照）——該片除了一眾高顏值、實力派演員是養眼看點之外，十七世紀捕鯨時代的歷史場景，人與鯨的搏鬥、面對浩瀚大海的微渺人性及生態哲學等主題，在電影中鋪陳了多重的層次。

二〇一三年比利時藝術團體「布姆船長」（Captain Boomer Collective）發起戶外展覽與藝術行動，製作一頭近三十噸重、身長二十多公尺的抹香鯨模型在塞納河畔「擱淺」。這頭巨型的抹香鯨先後「擱淺」在倫敦、荷蘭、西班牙等地，引發民眾前來觀看、討論及拍照打卡。除了巨大的抹香鯨以外，現場布置和工作人員的演出也重現了科學家處理鯨豚擱淺現場的工作。創作團隊與科學家合作在展覽中加入表演環節——在抹香鯨屍體上取樣、解剖，並展示鯨魚的牙齒、身上的寄生蟲、鯨脂厚度等，藉機向圍觀的民眾講解鯨豚的生活習性、死亡的可能因素、擱淺後的處理步驟等等。布姆船長創始人Bert Van Peel希望以這樣的藝術形式，喚起人對環境和生態問題的關注。用意並不僅止於哀悼一頭擱淺在城市角落的抹香鯨，更希望讓人類意識到地球生態系統正在劇烈崩壞的事實。

如同投石子在平靜水域產生的漣漪效應，人類對抹香鯨的投射和想像，不斷在各種作品中展現。然而在講究實證的科學領域，抹香鯨又是如何被認識的呢？

比利時藝術團體「布姆船長」擱淺藝術行動的想像圖。

抹香鯨的「鯨」氏紀錄

早在希臘時期，既是哲學家也是博物學家的亞里斯多德從觀察實證中，提出鯨和魚分屬不同類群，鯨類動物與陸域哺乳類動物更相似的分類理論。亞里斯多德在希臘萊斯博斯島生活期間，透過醫學和生物學的基礎，以解剖實務、野外觀察、採訪當地漁民等各種方式，大量投入海洋動物的研究，並將鯨類細分成鼠海豚、海豚與鬚鯨三種類別——距今兩千四百年以前的這項觀點，迄今都未被推翻；亞里斯多德版本的動物學和自然史，持續引領著後世的生態分類，甚至推波助瀾地影響著查爾斯．達爾文的著作《進化論》問世。

《白鯨記》裡針對鯨類的述寫，提供初識鯨類的讀者不少關於抹香鯨的冷知識。例如抹香鯨英文俗名「sperm whale」的由來，出自於其出奇龐大的頭部腔室中，充塞著稱為「鯨腦油」（spermaceti）的蠟質團塊，腦油在常溫下呈液態，看起來就像精液，故而得名。抹香鯨獨有的鯨腦油質地穩定、可以廣泛運用於精密儀器保養，在電燈尚未發明的時代，人們高度仰賴以抹香鯨鯨腦油製成的蠟燭，點亮了漫漫長夜；不僅如此，鯨腦油也象徵了一個時代對「光明」計量的跨越，影響我們至今。

價值連城的稀世珍寶「龍涎香」也是獨有，出現於抹香鯨消化器官中，雖然關於龍涎香形成的原因眾說紛紜；有人說是便秘的產物，也有人認為是消化不良的嘔吐物，但精確來說主要是牠們吃下的魷魚堅硬的嘴喙等殘留物，被消化道的分泌物包裹起來而形成，也許與消化器官的「結

龍涎香。

石」更接近。不過無論這個抹香鯨體內的副產品究竟源於何處，都撼動不了它在人類世界堪比黃金的不斐身價。其實龍涎香並不香，而是可以延長香水氣味停留時間的固定香味劑，也有中藥的用途。二〇二三年臺灣媒體報導西班牙新聞「抹香鯨驗屍意外挖出市價一千七百二十萬元稀有龍涎香」，二〇二二年臺灣也有一位民眾淨灘撿到龍涎香，經過專業研究學者透過科學方式鑑定為「上等珍品」……與龍涎香的偶然邂逅確實不易，簡直比中樂透還幸運。

若向生物學家提問抹香鯨的特殊之處在哪？肯定會得到許多「最」什麼的答案。首先，從分類學角度來說，抹香鯨自成一科（Physeteridae），分類學之父林奈在一七五八年將其命名為 *Physeter macrocephalus*，意指抹香鯨外型獨特，占全長近三分之一比例的大頭是不易誤判的特徵，而牠也是齒鯨亞目中體型最大的。罕見的是，在齒鯨的雄性與雌性體型對比中，公母抹香鯨在體長、體重及外觀特徵上，都是差異最大的。

此外，抹香鯨也以鯨類中「潛水深度紀錄排行榜」名列前茅聞名，迅捷且優雅的潛水功力，在短短的一分鐘內就能潛到三百公尺以下的水深，而超大的肺活量可使牠們潛到超過兩千公尺深的深海，還可在水面下待將近一個小時，獵捕大王烏賊和大王酸漿魷等深海巨型頭足類。

這些關於抹香鯨的冷知識和「鯨」氏紀錄得以保持的前提，是在人類現行已知的研究中累積數據、分析結果，推測出來的暫時性歸納，在無垠的時間與空間尺度之下，人類文明顯得短暫渺小，所有當下的知識都等著下一刻被推翻，我們得時刻保持著懷疑與敬意。

● 燭光與流明

燭光（candlepower）一詞最早出現在一八六〇年，定義六分之一英磅（七十六克）純鯨蠟蠟燭以每小時七點八克的速度燃燒所發出來的亮度為一燭光；此後又制定一流明等於一燭光乘以球面體，計算光通量的基礎單位「流明」（lumen）依此被定義，成為我們買燈泡、照明設計討論亮度時所依據「流明數」的由來。

從捕殺到保育

若以經濟利用的角度來看，抹香鯨恐怕是捕鯨年代身價最高的鯨種。人類基於照明原料、工業發展需求，向鯨類展開商業獵捕。自十一世紀從法國、西班牙等歐洲沿海國家以露脊鯨等鬚鯨類為目標，蔓延到十七世紀英國與荷蘭遍及北極海域以弓頭鯨為主的殺戮，擴張到十八世紀美國以高速帆船鎖定藍鯨和抹香鯨的全球捕鯨熱潮，將漁場自大西洋擴張到太平洋海域，美國船隊甚至為了捕鯨船作業補給的需求，撬開了日本兩百多年封閉的國門，在一八五二年結束鎖國政策，成為日本近代化歷程的關鍵。

四面環海的臺灣海域，由於黑潮洋流自赤道一路由南往北流經，帶來了豐富的洄游性生物，很有機會在鯨豚洄游的路徑上與牠們相遇，也確實記錄目擊過三十多種鯨豚。臺灣從日治時期一九一三年開始加入全球性商業捕鯨的行列，陸續在墾丁南灣一帶設置捕鯨基地，經歷了近七十年獵捕鯨豚的歲月。

隨著科技的進步與保育觀念的提升，野外動物的處境引起越來越多關注。一九九〇年臺灣「野生動物保育法」將鯨豚列名為保育類動物，人與鯨之間的關係逐漸轉變。從捕殺到發展賞鯨觀光產業，後續發展至今蓬勃二十餘年。這期間黑潮海洋文教基金會參與推動的賞鯨生態旅遊，更將鯨豚於海中自在的身影帶回了陸地，甚至透過野外長時間的科學調查，對生活在周遭海域的鯨類做進一步的生態探索與記錄，逐步發展保育、研究、野外擱淺救援等工作，民間組織的力量也讓更多民眾可以一同參與進來，進而瞭解到動物棲

日治時期恆春大板埓（今南灣）捕鯨作業。（國立臺灣歷史博物館典藏資料）

地保護的重要性。

隨著記錄工具的進步，讓發生在人跡罕至的海域動靜有機會被傳送出去。近十年關於抹香鯨的消息層出不窮，無論是來自臺灣抑或全球各國海域，這些訊息如同大海的信鴿，向人類世界傳遞著隱微而重要的喻示，等著我們尾隨著抹香鯨的身影，一步步揭露人與鯨豚海洋的未來。

大約一九〇〇年代一艘蒸氣動力的捕鯨船，船頭有魚叉槍。

繼續航行記錄下去

過去我們認為人類是地球上唯一能透過複雜語言系統相互溝通，有創造語言能力的物種。即便如此，人類卻始終帶著跨物種溝通的心願，自一九七〇年代開始將地球上的文字、聲音（其中也包含了鯨的聲音）等溝通符號標記、錄製之後發射到外太空，期待與外星智慧連結。雖然尚未從外太空得到回應，但人類向內太空——深海探索，以海洋生物為研究對象、嘗試溝通對話的腳步也沒有停止。

二〇二二年微軟旗下的AI聊天機器人ChatGPT智能技術問世之後，現代人們對未來的生活、工作與市場型態的想像有了翻轉性的變化。高端的科技技術，也被科學界運用在內太空（深海）與外太空（宇宙）的研究計畫上。二〇二〇年由海洋生物學家與人工智慧專家團隊共同發起嘗試翻譯抹香鯨語音的「鯨語翻譯計畫 Cetacean Translation Initiative」（CETI），令人感到振奮又顫慄：未來我們是否有機會跟自然界中的不同物種，以人工智能技術展開雙向的對話呢？

從傳統漁獵、商業捕鯨，到近代的賞鯨、與鯨共游，以及水下攝影及空拍機的發明，人類隨著知識與科技的進步，慢慢堆疊出對鯨豚世界的認識，當我們可以借用、依恃的條件越豐足，也就越有機會以減少對動物傷害的方式，伸出跨物種的友誼之手。

浪漫地想，如果莫比迪克的故事發生在現代，失去腳的亞哈船長與白色抹香鯨之間的故事是否會以另一種角度開展改寫，而找到一種惺惺相惜的可能？

讓我們以敞開的胸懷、嚴謹的科學研究、不輸亞哈船長對莫比迪克的狂熱、永遠想要靠近偉大的好奇，以及跨越時空尺度的愛，繼續航行、記錄、探索下去吧！

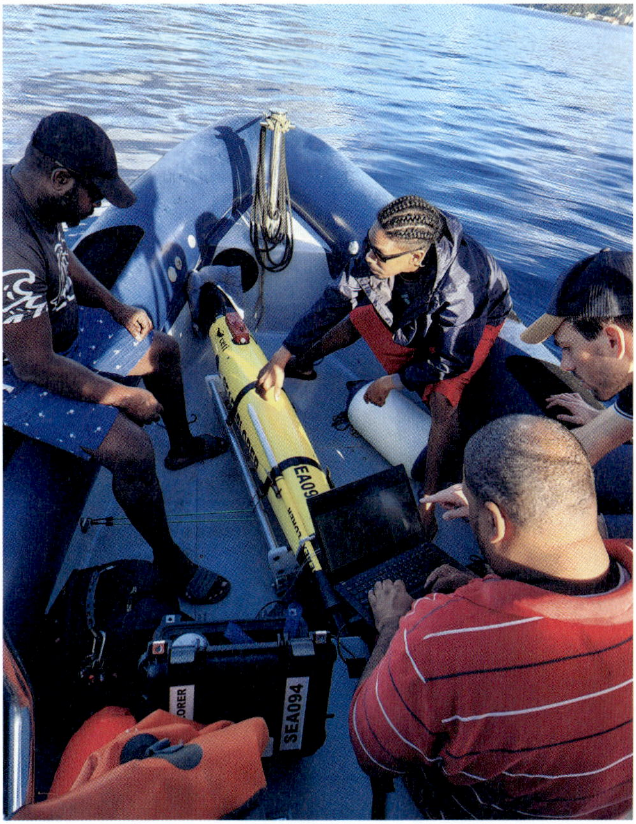

認識CETI計畫

CETI計畫的鯨豚錄音站及水下滑翔機。
（圖片提供／ Project CETI）

海洋綠洲計畫

清晨六點，黑潮海洋文教基金會的調查員們從花蓮港碼頭出海，展開八到十小時的「海洋綠洲調查計畫」。「五點鐘方向有噴風！」喊聲劃破睡意，按下GPS定位的同時，也按下了調查的開始鍵，「是不是昨天那隻？」「好像之前看過？」「阿抹大便了！」他們對抹香鯨的熱情與好奇，二十五年來始終如一。

part 2

出發找阿抹！

黑潮海上調查實錄

文／陳冠榮（調查實錄）、余欣怡（科學解說）。
插圖／瓦Z

攝／簡毓群

調查員工作介紹

● 記錄鯨豚行為及點位

鎖定目標鯨群以後，先記錄牠們出沒的GPS點位及群體組成，接下來每五分鐘追蹤記錄一次牠們的行為，任何細節都不能放過。（54頁）

● 搜尋海面

在制高點以望遠鏡掃視四面八方，尋找哪裡有鯨豚出沒，看到線索就要立刻喊出方向，讓船隻朝目標前進。（54頁）

● 水下攝影

即使不會潛水，也可以把防水相機接上長竿子放到海裡面，看看鯨豚在水下做什麼。（76頁）

● 空拍攝影

空拍機不但能用不打擾的方式記錄鯨豚的水面行為，還能配合測距或比例尺，量一量鯨豚有多長。（66頁）

●海水採樣

每二十分鐘撈一次海水測量鹽溫度，如果有幸遇到鯨豚排便可撈取糞水，透過採樣分析鯨豚的食性與DNA序列等資訊。（82頁）

●影像紀錄

開啟連拍模式拍攝鯨豚的背鰭或尾鰭，回去精選出最完美角度的畫面做Photo-ID個體辨識。（61頁）

●水下錄音

用水下麥克風收錄鯨豚與環境的聲音，希望有朝一日能夠理解牠們在說什麼。（70頁）

調查實錄

這隻抹香鯨好像來過

促使「黑潮海洋文教基金會」創立最主要的一道浪，當屬於一九九六年海上調查時遇見虎鯨。在那個沒有太多人見過「活的鯨豚」的年代，經過媒體報導，民眾突然都愛上了黑白分明且身軀碩大的鯨豚。

在臺灣周邊海域出沒的鯨豚大多屬於「齒鯨」，也就是嘴巴裡有牙齒的種類。最小的齒鯨稱為鼠海豚，身長頂多一點五至兩公尺，在海裡看來就像小老鼠一般；稍大一點則是大家印象中的海豚，例如飛旋海豚、花紋海豚、瓶鼻海豚，成年的有二至四公尺；更大型的廣義上俗稱為鯨魚，體型最大的齒鯨就是抹香鯨，成年雄鯨最大體長近十八公尺。

雖然抹香鯨與藍鯨、大翅鯨都是大型鯨，但藍鯨與大翅鯨屬於嘴巴裡只有鯨鬚板的「鬚鯨」，牠們有比較穩定的遷徙路線，也會依循季節轉變前往不同地方覓食、育幼或是渡冬；抹香鯨不一樣，牠們在不同季節都曾在花蓮近海出沒：母子群體主要出現在溫暖的熱帶、亞熱帶海域；而脫離媽媽保護的青少年們，會組成「單身漢群」；年紀更大一些的則組成「成年雄鯨群」。在自然界中，公、雄、男彷彿都是不受控的，管他春夏秋冬還是東經北緯，想去哪就去哪。

黑潮海洋文教基金會在臺灣東部海域展開超過二十年的鯨豚調查，絕大多數發現的種類都是中小型鯨豚，包括飛旋海豚、花紋海豚、熱帶斑海豚、弗氏海豚、瓶鼻海豚等等，其中最穩定、最常目擊的種類，是飛旋海豚和花紋海豚，兩者合計在賞鯨航程被目擊的比率超過百分之七十，幾

滿賞鯨

保護幼鯨的菊花陣示意圖。
（原始作者／Phoenix PNX）

乎就像是我們的鄰居，而總是令人驚呼的大型鯨目擊率不到一成。

就現階段的調查資料，只能知道有些抹香鯨會在花蓮近海停留幾天再離開，也有的是路過不停。但是，偶爾有幾隻以前來過、今年又回來，也因為還會回來，一些黑潮夥伴才會對回來的抹香鯨逐漸有了感情吧！在花蓮海域每年遇見抹香鯨的比例大約只有百分之二，甚至有資深的解說員出海服勤到第八年，才終於和抹香鯨相遇。以前只能透過照片去確認，今年看見的這隻抹香鯨，之前有沒有來過。因此每次相遇都帶著久別重逢的興奮和疑問：「你回來了！你去哪了？」幸好，抹香鯨算是長壽，活個六、七十歲不是問題，就算每年只比對一次，也有六、七十次可以比對的機會。

除了被動的賞鯨目擊資料以外，黑潮海洋文教基金會也主動發起「海洋綠洲計畫」，每趟八至十小時的調查，可以有更多時間觀察動物的行為。目前推估，抹香鯨在海裡約有八成的時間在深潛覓食，其他多是休息、社交。

抹香鯨的分布範圍極廣，從極圈到熱帶都有機會目擊，聽起來好像全球到處都看得到，但普遍的情況都是一、兩隻在遠遠的海面，噴著斜斜的噴氣，極少遇見「萬抹齊發」的壯觀場景。不過，早在二〇〇三年底片機時代就拍過抹香鯨尾鰭的黑潮資深解說員何承璋（紅毛）說，他看過一個詭異的陣法——抹香鯨的「菊花陣」，「就是抹香鯨的頭都朝內圍成一圈，像菊花一樣的形狀。」像是種神祕的儀式。其實這個陣式最早曾在秘魯被記錄過，當抹香鯨遇到虎鯨、短肢領航鯨、偽虎鯨、鯊魚等威脅時，頭可能一致朝內或朝外圍成圈，讓寶寶或比較虛弱的個體在內部，

外圍的成鯨（通常是雌鯨）擺好防禦警戒陣式。「不要看抹香鯨這麼大隻，以前也曾經看過牠被領航鯨、偽虎鯨追到吐魷魚出來。潛水潛了兩、三千公尺，搞了一天，食物還被人家搶去，有夠慘！」紅毛說。

近兩、三年臺灣東部海域突然爆發「抹香鯨之亂」。二〇二三年七月份黑潮解說員帶領出海的賞鯨船就有二十八趟次遇見抹香鯨，創下歷年來新高！如此頻繁地遇見抹香鯨，也讓解說員和船長、船員自然討論起來：「剛剛看的這隻，是不是昨天那隻？」

從賞鯨業者、新聞媒體到一般大眾都不斷在問：「今天看得到抹香鯨嗎？」「昨天有抹香鯨，今天還有嗎？」「抹香鯨在哪？」好希望有一天我們可以聽懂抹香鯨的語言，就可以問牠：「今天會來花蓮嗎？」

「我好像看過這隻……」二〇二三年再次遇到抹香鯨的紅毛，下船後馬上

翻查以前的照片，也在黑潮解說員社群裡跟大家不斷討論，沒幾天就在資料夾裡找到熟悉的尾鰭，「果然是花小清！」原來是二十年前他曾遇見的那隻抹香鯨。如今，紅毛的兒子、女兒都上高中大學了，牠也應該有下一代了吧！

● 解說員何承璋（紅毛）

年輕時染著比陽光還紅的頭毛，因此大家叫他紅毛。成長在不靠海的縣市，但卻莫名的一直想要出海，暑假時過於頻繁賞鯨，因此被老闆推薦去參加黑潮海洋文教基金會每年舉辦的海上觀察解說營，每到暑假期間，就會從臺北排一週回花蓮出海，至今持續二十年。

科學解說

目擊紀錄，鯨豚科學調查START

注意！抹香鯨出沒！

和其他鯨豚一樣，抹香鯨呼吸後會下潛，直到下次換氣重新浮出水面。從捕鯨年代，尋找抹香鯨的方法就是派眼力銳利如鷹的水手爬上桅杆或最高處，全神貫注地掃視海面，尋找抹香鯨出現的線索。抹香鯨的單一噴氣孔在頭頂的左側，因此近距離觀測牠們噴氣的氣柱會斜斜的，這是相當容易辨識抹香鯨的線索。

而抹香鯨粗壯的尾幹和尾鰭也常能吸引調查小組成員的注意力，巨大的鯨尾在海面舉起再緩緩落下，留下圈圈漣漪的潛尾印，提示調查員：「嘿！我在這。」

全方位身家調查

看到目標後，調查小組分工合作，第一要務像手機打卡一樣用GPS記錄下鯨豚出沒的時間與位置；同時有人透過觀察生物特徵及行為來辨識是哪一種鯨豚。

抹香鯨有著深灰且皺皺的軀幹表面，像漂流木般漂浮在海面上。如果確認是抹香鯨，拍攝者就會拿起相機拍攝背部和身體，並預備捕捉隨時可能舉尾下潛的尾鰭特徵，以進行日後

斜斜的噴氣柱是抹香鯨的特徵。

的個體辨識。記錄者會同時觀察海面上有幾隻抹香鯨、體型大小、是否有鯨魚寶寶等群體組成，以上身家調查資訊一一寫在紀錄表上後，會開始觀察抹香鯨在海面上的各種動作、鯨魚之間的相對位置與接觸方式、呼吸的次數與間隔、停留在水面上的時間、對觀察船的反應、周圍是否有其他海洋生物及海洋廢棄物、船隻距離或漁具等人為活動的存在……所有視野所及能注意的點滴細節，包含動物與牠們所處的環境。

如果抹香鯨群體穩定地停留在海面，調查船會關閉船隻的引擎，展開海陸空全方位的數據蒐集，將水下麥克風放入海中收錄鯨豚獨特的聲音，空拍機升空到固定高度拍攝完整的群體。各式各樣的調查記錄，都是為了把握在海上相遇的機會，用不同面向一點一點嘗試推斷出抹香鯨在海中的生活。

隨著對抹香鯨行為逐漸熟悉，調查小組成員看到抹香鯨躬背的準備動作時，會互相提醒抹香鯨即將潛入深海，除了拍照、記錄舉尾下潛的時間位置外，也要留意海面上有沒有排便可以打撈，這是極少數可以非侵入性採集到鯨魚身體樣本的方式。

調查員除了記錄鯨豚的行為，也會記下海水溫鹽度、天氣、能見度及浪況等環境資訊。

又見少年花小香

抹香鯨在臺灣一直都是大朋友、小朋友很喜愛的明星物種，在臺灣可見，卻又不常見，因此往往渲染上神祕的色彩。大家對於抹香鯨的認識，大多僅止於牠響亮的名號，但瘋狂熱愛的黑潮調查員，除了給予初見的抹香鯨數字與編號，對於重逢的抹香鯨還會賦予別具意義的名字，讓相遇的記憶能熟記於心。

解說員紅毛覺得眼前的抹香鯨可能是二十年前就看過的同一隻，但單靠印象口說無憑，還是需要明確的證據才能肯定，就要把照片拿出來比對看看。說起來簡單，實際的操作並不是那麼容易，首先需要一張「關鍵照片」：對焦清晰、不晃動是基本條件，更重要的是在對的瞬間，拍下可比對的特徵，這樣的照片才可以拿來做「Photo-ID」，也就是所謂的「照片辨識法」。

全世界的鯨豚有九十多種，但不是每一種都可以使用Photo-ID來辨視個體，而不同鯨豚的辨識特徵也有些許差異，比如花紋海豚主要可辨識的特徵在背鰭的花紋及缺刻，飛旋海豚的辨識特徵同樣是背鰭，但是要看缺刻的位置和背鰭的形狀。至於抹香鯨就不是看背鰭了，而是看牠的尾鰭，抹香鯨尾鰭各有不同的缺刻，有的帶著光滑的凹槽、有的像是破掃把東缺一角西缺一角，甚至還有見過只剩下半邊尾鰭的……這些獨一無二的特徵就像是指紋一般，遠遠看似相同，但在細微處又見差異，正是這些細微的差異，讓我們可以知道牠是誰。

「從體型大小和群體狀態，我們推測牠可能是隻少年抹香鯨，『花』意指在花蓮相遇，『小』是因

二〇〇三年花小清尾鰭。

二〇一五年花小香尾鰭。

為牠還年輕，『香』是取抹香鯨的其中一字，於是將牠取名為『花小香』。」對抹香鯨異常熱愛的夏尊湯（湯湯），是最早為抹香鯨命名的黑潮解說員，為鯨豚研究以數字與編號的建檔方式增添了一抹人的感情。二〇一四年七月她第一次和花小香相遇，也不知道未來還有這麼多奇妙的緣分，只覺得這隻抹香鯨不算大，大約是青少年的體型，也有著青少年的好奇心，到船邊來回穿梭、舉頭浮窺，頭部還有一顆小肉瘤，讓人記憶深刻。同年的八月十五日，湯湯再次和花小香相遇，這次牠的身上卻多了傷疤，若不是有照片為證，這兩次的相遇，很有可能會被視作兩隻不同的個體。

這幾年有越來越多黑潮解說員加入調查行列，透過相機，追蹤每一隻來到我們眼前的抹香鯨。既然認識了花小香，也開始想知道牠有沒有其他同伴、或是好兄弟呢？抹香鯨通常都是一兩隻、兩三隻的族群，只要拍下尾鰭的照片，要辨認誰跟誰都一起出現並不是很困難的事，重點是能不能耐住寂寞一直拍下去，因為有太多個體一去不返，在照片海裡找到相同的個體猶如大海撈鯨，說難不難，但還真的很難！目前黑潮資料庫裡的抹香鯨檔案累積超過了九十隻，但真正被記得、被認識的，只有少數幾隻有名字和有故事的。

二〇二三年夏天「花小香」再次出現，雖然牠已不再是年輕小伙子，但仍然是黑潮解說員們記憶中的少年花小香。當這樣的連結存在以後，在意的人就和這隻抹香鯨產生了特殊的情感，希望再次見到牠。因為鯨海渺茫，真的不知道每一次的相遇，還有沒有下一次的重逢。所以當有人遇見抹香鯨，湯湯一定會問上一句：「有沒有認識的？」

● 解說員湯湯

大家都以為她姓湯，其實只是愛喝湯。為了出海移居花蓮，甚至選了一個夜班的報社工作，只為了白天可以出海，與她最愛的鯨豚相遇。早些年只要有對得上的都會幫牠取名字，方便記憶也承載記憶。除了花小香，還有另一隻「花小清」是二〇一〇年六月二十六日上午十點半遇見的，紀念一起出海的夥伴——廖律清。

大海的朋友

科學解說

Photo-ID，鯨豚身分證

適合辨識個體的部位特徵？

陸地上的野生動物可以透過「套腳環」或「上標」這些標識方法來辨識及追蹤個體，而海裡的鯨豚卻很難能捉來點名做記號，除了早期捕鯨年代曾短期使用金屬標籤外，科學家發展出一種不侵入鯨豚身體的研究方法——照片辨識法（Photo-ID）。

說起來這方法我們每天都在用，例如身分證或健保卡的大頭照，人們的五官差異可以代表每個人，而鯨豚也是從身體特徵來辨識，例如大部分鯨豚背鰭的形狀與缺刻各自不同，虎鯨還會以眼睛後方白斑形狀來分辨，大翅鯨則是看尾鰭缺刻與腹面的紋路，而我們的主角抹香鯨，則是比較尾鰭末端的形狀與傷痕。

要選擇哪一種特徵作為辨識基準？首先就是要能清楚且容易拍攝到的身體部位，第二是這部位特徵需有足夠的差異來辨認不同個體，但又不能變化太快太多到認不出來。成年抹香鯨要舉尾下潛時，通常會將碩大的尾鰭抬升出水面，給予相機拍攝記錄的好機會，有經驗的觀察者會盡量拍攝尾鰭的正後方，獲得完美角度的畫面，而鯨豚自由的下潛角度，往往會得到斜斜的尾鰭，這時候還需要有經驗的辨識比對人員

KU_PM009舉尾下潛連拍。

判讀，確認是否為同一隻。

認識個體有什麼用處？

辨識鯨豚個體並非只是為了取個可愛小名，或是塑造鯨豚界的大明星，而是能落實族群的戶口調查工作。包含鯨群每次出現的時間、地點、洄游路徑、身邊有哪些同伴、是否帶著鯨寶寶同行、估算族群量與動態、估計年齡等眾多功能。近年來我們還更加關心從照片中所見鯨豚身上的傷痕，觀察抹香鯨的外表健康狀況，可以更加瞭解牠們在海域中生活的安全程度。

我好像也有拍過？

由於數位攝影與網路世界的快速發展，照片辨識鯨豚已經不再是科學家的專門工作，而是有更多公民科學家一起加入，例如賞鯨業者、解說員、遊客與全球各地居民都可參與，因此公開抹香鯨的照片辨識特徵變得更為重要。二〇二一年起黑潮海洋文教基金會公開近年拍攝到並已辨識出的抹香鯨個體尾鰭特徵，在資料庫也陸續更新更多抹香鯨的照片集，大家不妨翻翻手機相簿或硬碟，如果你也曾拍過抹香鯨，歡迎提供給黑潮，大家一起拼圖瞭解抹香鯨的海洋生活軌跡。

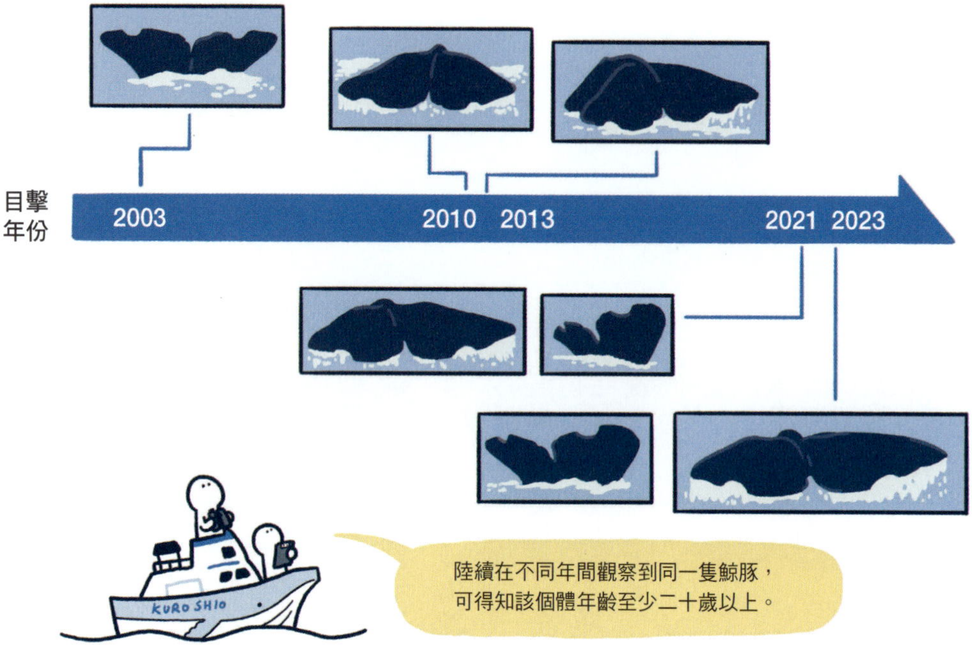

抹香鯨年齡推斷

抹香鯨的壽命可達七十年或更久，我們可以從第一次遇見個體的體長，初步判斷這隻抹香鯨是寶寶、青少年或成體，接下來若繼續遇到同一隻個體，可進一步推估其年齡增長。以花小清（KU_PM008）為例，我們首次觀察為二〇〇三年，當時從牠已離開媽媽獨立行動，推估至少五歲以上，最近一次為二〇二三年，可得知其年齡至少二十五歲以上。

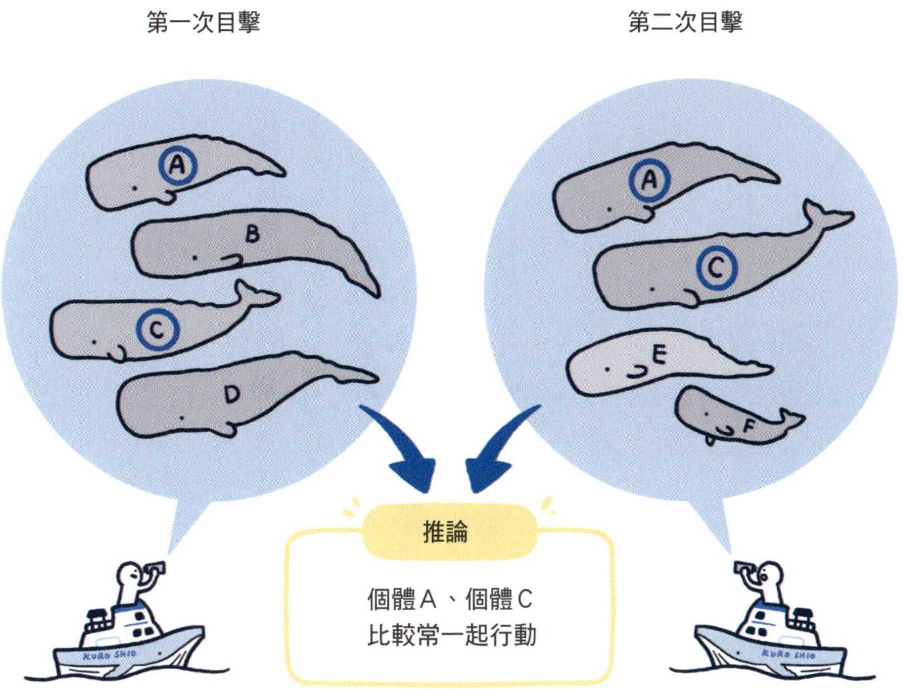

抹香鯨社會結構觀察

每次辨識抹香鯨個體得到的資訊，可以進一步分析社會結構、常出沒地點及洄游路徑等。以此圖為例，若目擊鯨豚 A 與鯨豚 C 一起出現兩次以上，可以推斷牠們關係較緊密，例如我們觀察到 KU_PM005、KU_PM009 兩隻個體就常常一起出現。

阿抹起飛了

從海上鯨豚調查起家的黑潮海洋文教基金會，從早些年的尋鯨小組、東海岸鯨豚調查、海豚的一天，到近期的海洋綠洲計畫，早期的調查員多半成了解說員，後來的解說員也有許多加入調查員的行列，這樣的群體組成自然就有許多共同的話題、共同的疑惑，以及共同的困境。

黑潮解說員在賞鯨船上一定都被問過「這隻抹香鯨有多大？」但最難回答的問題是——「你怎麼知道？」

「怎麼知道」非常難解釋，尤其是在一趟只有兩個小時的海上旅遊行程，要把生態環境跟生物學的證據轉譯成「白話文」，是相當具有挑戰的一件事，於是黑潮解說員通常自有一套說法：「我們現在搭乘的這艘多羅滿賞鯨船，長度大約是十六公尺，可以跟旁邊的抹香鯨比一下，大約比我們短一點點，目測看起來十二至十三公尺，算是一隻成年的個體了！」用已知的事物類比總是比較容易理解，也比較容易被接受。

由於鯨豚生活在水中，要牠乖乖讓我們量體長，除非牠上岸……的確在岸上擱淺的個體，會用皮尺丈量體長、胸鰭、尾鰭與身長的比例等等，雖然精準，但這不是大家樂見的情境，大家更想知道，自己眼前所見的那隻活生生的鯨豚，到底有多大隻。

在國外測量活體鯨豚長度，最常被提及的方法是「雷射」，建立兩道平行的雷射光，照在鯨豚身上作為比例尺，就可以計算出鯨豚的身長。黑潮許多夥伴都喜愛攝影，有的人船上拍不夠，於是學了水下攝影；有的人不喜歡下水，就改飛空

拍機俯瞰鯨豚。

「起飛囉！」在多羅滿壹號（小多）上操控空拍機的飛手喊道。空拍機安全起飛以後飛到抹香鯨的上空，以垂直向下的角度拍攝多張抹香鯨的全身照，隨後再飛回小多上空，以同樣的高度跟角度拍攝船身長度，即可知道眼前的這隻抹香鯨有多大隻。沒錯，被稱為小多的賞鯨船，常被黑潮調查員視為標準的比例尺。雖然也有人說：「這樣效率好像不太高啊！」的確，但目標的抹香鯨通常只有一隻、兩隻，頂多三五成群——三隻、五隻一小群，所以這樣的方法已經足夠。

「那小海豚呢？」在花蓮海域最常見的是飛旋海豚、花紋海豚，有時一出現就是上百隻，更不用說如千軍萬馬般奔騰而過的弗氏海豚，用空拍機一張一張拍，不是為了要量出每一隻的體長，而是透過鯨豚的體長推測這個群體是成年男子的兄弟聚會，還是媽媽帶小孩的育幼團？再觀察其他行為，就可以綜合得到此時此地這群鯨豚可能的狀態。

在還沒有空拍機之前，絕大多數的鯨豚研究者，都只能搭乘船隻，以平視的角度來觀察鯨豚，只有極少數擁有豐富資源的研究者，才可能搭乘直升機或小飛機進行空中觀察，不過在空中巡航的時間沒辦法太久，也沒辦法太貼近水面，而且引擎的噪音也很可能造成鯨豚的干擾。

這幾年越來越多黑潮調查員開始報考空拍機證照、練習海上空拍。某年夏天，在石梯近海遇見了一隻年輕的抹香鯨個體，一直在船附近繞來繞去，空拍機就在船頭把這隻好奇的青少年鯨和船隻的互動記錄下來。突然，有那麼幾秒，牠消失在透澈的海水下，突然間，牠起飛了！盯著螢幕即時影像的黑潮調查員胡潔曦也嚇了一跳，儘管旁觀者看來，這隻抹香鯨和空拍機還有數十公尺的距離，但，牠真的飛起來了！

「躍身擊浪！」大概只有科學派的黑潮調查員還可以勉強保持冷靜的說。

● 調查員胡潔曦（飛魚）

大學時從彰化飛越到花蓮讀書，二〇一八年成為新生代的黑潮海上解說員，對大海念念不忘，給自己的自然名叫「飛魚」。畢業在西部洄游了一年後，回到黑潮擔任專職的研究員及調查員，二〇二四年將和伴侶一起攜手跨越赤道，進行奇幻的飛魚大冒險。

攝／金磊

科學解說

空拍攝影，鯨豚研究的好工具

化作一隻海鳥，飛翔盤旋在鯨魚周遭、和牠們共同呼吸，過往是浪漫的想像，如今透過空拍機航拍，科學家能更瞭解鯨豚、幫助鯨豚。

使用空拍機記錄鯨豚影像，除了以不打擾的方式仔細觀察鯨豚的水面行為外，也可以配合測距或比例尺加以科學量化，再利用後續影像分析技術來測量鯨豚的體長和體型。例如早期為了觀察瀕危露脊鯨的健康狀況，研究人員在不同季節年份拍攝同一隻個體的各種角度，除可看體型胖瘦的變化外，甚至可以看出母鯨懷孕的形態特徵。

近年空拍技術在抹香鯨研究上的開展相當順利，國際聯合的研究單位在東加勒比海和地中海海域進行拍照記錄，加上以往捕鯨資料的數據，除了量測體長體寬外，利用捕鯨資料建立的體態模型，可以推估出抹香鯨的體重，這些都是後續瞭解海洋生態系中深潛鯨豚養分循環的重要數據。

量測體長另一個重要的原因是，抹香鯨和其他鯨豚不同，有明顯的雌雄二型性：成年的雄鯨約十四至十八公尺，母鯨體型較小僅有十至十二公尺。以往除了有幼鯨在旁的母子對可推測母鯨性別，或是船上觀察者主觀認定外，透過空拍提供更可信的體長

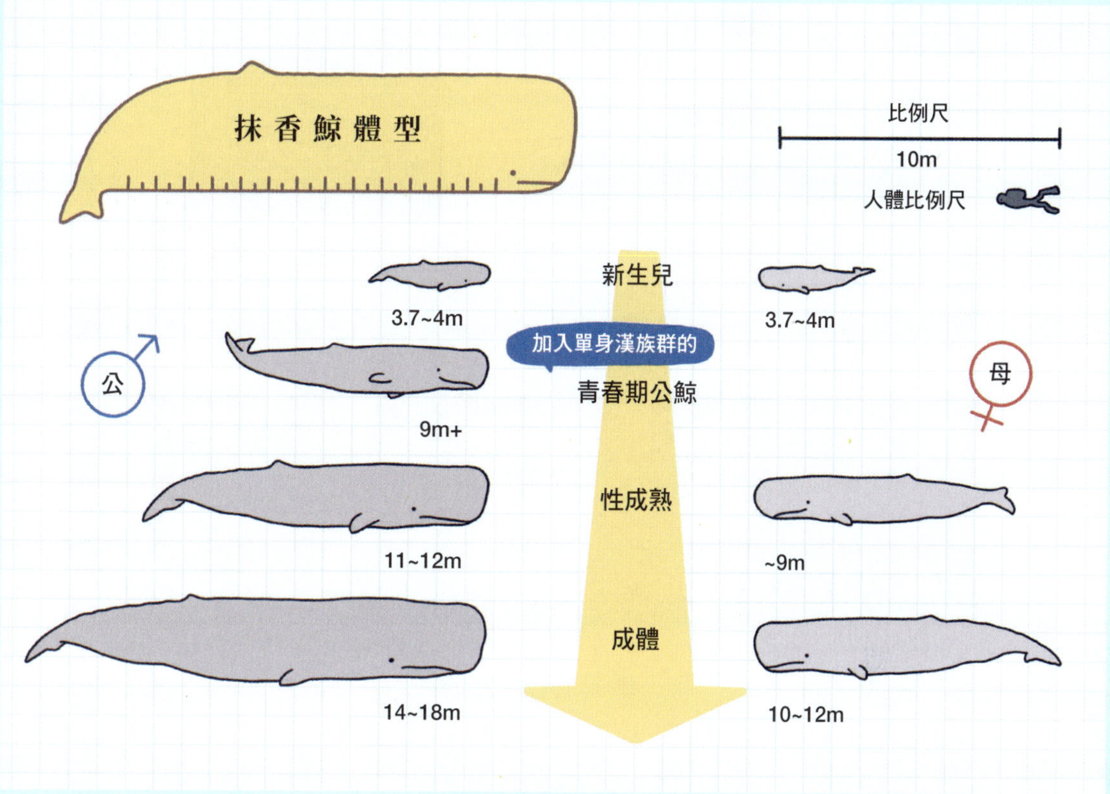

抹香鯨公母體型階段比較

估算，這是性別上判斷的重要突破。不同的群體對於海域各有所需，瞭解群體組成變化，根據需求來維護良好的海洋環境。

空拍機拍攝以更遠且無干擾的視角，記錄船隻靠近前後抹香鯨的行為反應，有助於更瞭解人為活動對於抹香鯨的影響，提供賞鯨船在接近時友善賞鯨的社交距離的參考，避免人們為了想親近反而打擾到了抹香鯨的作息，特別是帶著幼鯨寶寶在海面休息的幼幼班們。

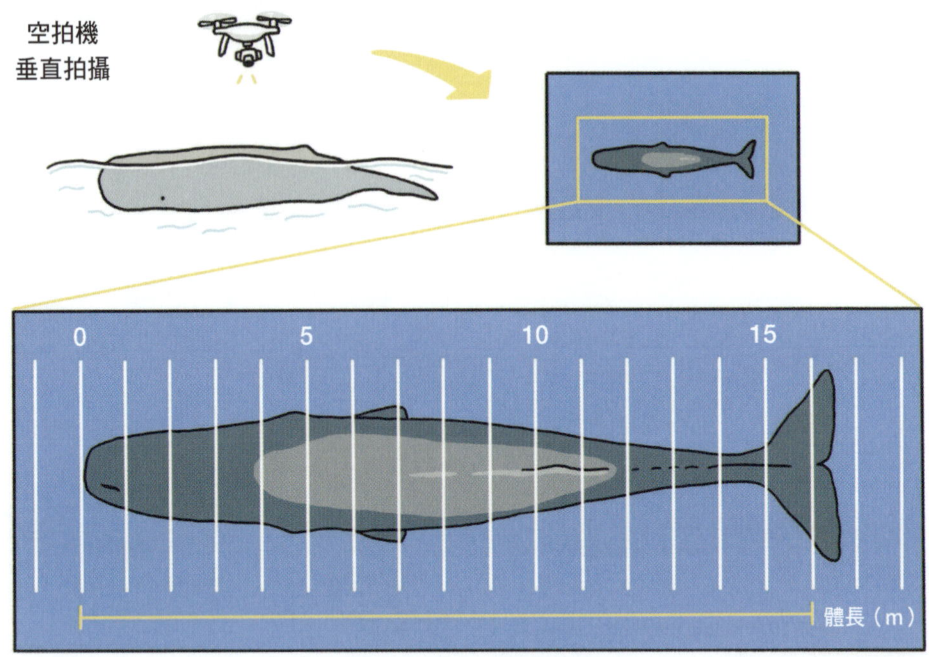

抹香鯨空拍測量

抹香鯨體型碩大，要測量體長非常不容易，但可以透過空拍機的協助，配合比例尺及影像疊圖來進行。拍攝鯨豚前，得在陸地上將空拍機垂直拍攝尺標，以設定比例尺及飛行高度。到海面上拍攝時，必須維持設定好的飛行高度，以垂直俯視的角度，將大型鯨的全身拍攝下來，拍攝後，將尺標套量在鯨豚影像上，就能知道實際體長。

近年來空拍機的軟硬體技術日益成熟，日本的山形大學機械工程系與帝京科學大學動物系聯合研究團隊已經可使用空拍機來布放發報器，將帶有吸盤的追蹤儀器精準投放在抹香鯨背部，再進行深海潛水數據的蒐集。義大利帕多瓦大學比較生物醫學系的研究團隊也使用空拍機搭載培養皿，飛到抹香鯨的頭部上方等待噴氣時，無侵入即可採樣到抹香鯨呼出的氣體，檢測是否包含有細菌病毒等，作為健康評估的樣品或工具，也可能有部分細胞可用作DNA的檢測。

近年來空拍機採樣鯨豚噴氣也是一種非侵入的採樣方法。

調查實錄

聽見抹香鯨的聲音

偶爾我們可以在甲板上聽見鯨豚的聲音，不過通常聽見的都是「哨聲」（whistle），可以簡單理解為吹口哨的聲音，只是這口哨吹的有點詭異，有人說聽起來像嬰兒的哭聲，也有人說像是幽靈出現的聲音。

目前我們知道，哨聲的功能是溝通，像是鯨豚的語言，甚至有些哨聲像是歌曲一般，有節奏或A—B—A反覆的段落結構，因此有些哨聲會被視為吟唱，也可以說是詩句。畢竟聰明如人、如鯨豚，對話時除了表意，一定還有情緒的表現、音調與節奏的差異。

除了哨聲以外，還有另一種常見的聲音稱為喀答聲（click）。喀答聲就沒那麼多變化，通常都是穩定的單音節「答……答……答……」，偶爾也會聽見加快的節奏「答……答……答、答、答、答、答答答答答答」，主要是用來探測周邊環境的物體方位、大小，甚至是材質，因為在水下視覺幾乎發揮不了功用。

絕大多數的齒鯨都擅長使用哨聲溝通、用喀答聲探測環境，但抹香鯨無論溝通或是探測，都使用響亮而規律的喀答聲以及脈衝聲（burst pulse），像是摩斯電碼一樣用數目和時間間隔，編織短點、長點不同的排列組合，構成豐富多樣的類組。點與點之間，彷彿有種催眠的魔力，細微的聲音隨著水流傳的很遠很遠，令人著迷。

「嘩！」一陣水花，黑潮調查員余欣怡下水了，她曾在臺灣鄰近海域研究大翅鯨的歌曲及鯨豚通訊，也曾在南太平洋的東加王國和大翅鯨共游在同一片歌聲裡。下水以後，會不會離鯨聲更

將水下麥克風放入海裡，
收錄抹香鯨的聲音。

● 研究員余欣怡（Ula）

大學以後一到夏天爸媽就會找不到的女兒，把所有的精力都投注在海上的鯨豚調查與研究。就算住院開刀、出海帶護腰、回來去掛號，也樂此不疲的鯨豚研究者。對花紋海豚極度痴迷，專門偷窺背鰭、竊聽聲音，不僅歸檔建置，還合法有理，因為鯨豚癡已過了二十年的研究追溯期。

抹香鯨喀答聲

近一些呢？

在水中，鯨魚的聲音不只振動你的鼓膜，還會震撼你的心。我們都很好奇，到底鯨魚的聲音是什麼？怎麼樣才聽得到牠們的聲音？下水聽到抹香鯨的聲音是一種浪漫，但是如果想弄懂牠們「說什麼」，就需要進行學術調查，需要記錄與證據，其中最被廣泛運用的設備是水下麥克風以及擴大機，一來可以記錄抹香鯨的呈堂證供，另一方面也記錄我們沒聽見的聲音。

「有在叫喔！」船頭的夥伴一喊，余欣怡馬上和船長溝通，在不干擾動物的情況下，把水下麥克風放入海中。

人類可以接收到的聲音頻率大約在二十至兩萬赫茲，而大部分鯨豚的聲音都較為高頻，

有些還可以發出四萬赫茲以上的聲音，遠遠超出人類能聽見的範圍，這與音量無關，聽不見就是聽不見。幸好水下麥克風可以錄下我們聽得見與聽不見的聲音，透過頻譜儀轉換顯示在畫面上，讓我們「看見」聲音。希望有朝一日，可以從這些起伏的頻率與音調，進一步理解阿抹在說什麼。

科學解說

水下錄音，鯨豚語音翻譯App

用聲納系統來瞭解環境

水下世界特別適合使用聲音傳播，齒鯨也發展出聲納系統來瞭解環境，藉由發出聲波接收回波來判斷前方環境，針對有興趣的目標物（譬如魷魚等食物）則像使用聚光燈般發出高頻聲音來解構與追蹤，因此鯨豚的發聲與聽力系統相當精密。不過，抹香鯨的聲音是否要稱為語言，目前科學界還沒有定論。

抹香鯨會深潛到黑漆漆的深海去捕食魷魚，如何在壓力大且冷冷的環境中快速找到食物，還是靠強勁又高解析度的回聲定位系統。人們在做地質調查探勘石油是使用發出固定聲波，來比較回波的差異，透過轉換成視覺影像讓人們可以清楚比較。而抹香鯨整顆大頭中的鯨腦油器可含一千九百公升的鯨油（汽油原油每桶約一百六十公升），可以將發出的聲波匯聚成兩百三十分貝高能量聲波柱，雖然威力驚人，但並沒有震昏獵物的功能，還是靠鎖定獵物後鯨吞整隻魷魚。

抹香鯨的喀答聲

多數鯨豚種類會有像鳥鳴的嘰啾起伏哨聲，大型鬚鯨發出像大象般低

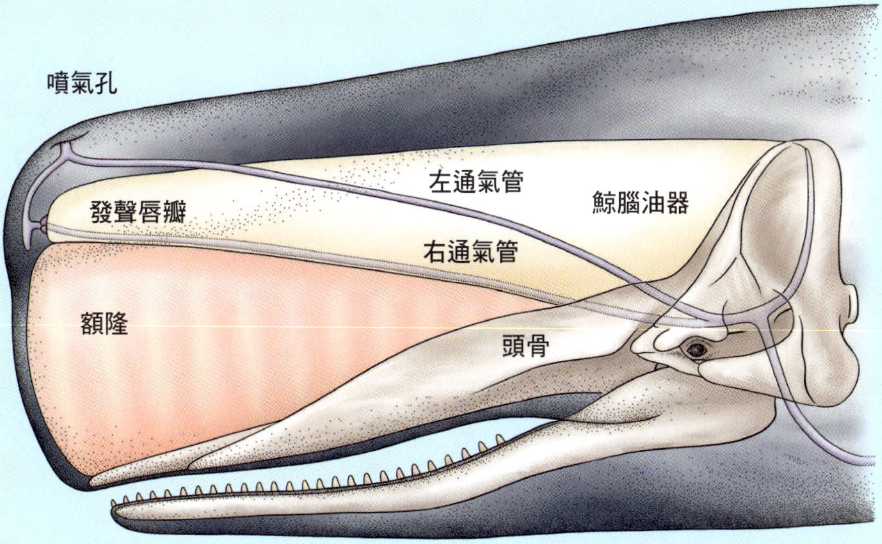

抹香鯨頭部構造示意圖

發聲唇瓣震動後，聲波透過額隆往外發送，部分聲波遇到頭骨後反彈，產生具有時間差的反射波，可透過兩者的時間差推斷抹香鯨的體長。抹香鯨發出聲音後，海中物體的反射會再經過下顎傳入耳骨，判斷所偵測的物體位置。（圖／江匀楷）

鳴吟聲進行溝通，而抹香鯨則只有喀答喀答聲，發出聲音後一部分直接傳入海水中，另外有個回聲是頭骨反射出來的，頭骨越大反射的時間差就越長，科學家就利用這兩個聲音間短短幾毫秒的時間差，推算出這隻抹香鯨的體型，這是極少數可用叫聲來探索發聲者外型的例子。

還好有一群科學家如同圖靈博士團隊般的努力，極力想破解抹香鯨的「奇謎機」(Enigma，也譯為恩尼格瑪機)。透過長短聲滴滴答答組合，就像是摩斯電碼可代表不同意思，而抹香鯨就用這麼看似簡單的訊號，排列出牠們才懂得密碼曲。

不同海域或不同族群的抹香鯨會有各自的密碼，有些五長一短，有的三長兩短，好像是各國方言一般，但這部分的細節仍待研究確認。抹香鯨的聲音神祕而有趣，目前科學家們在多明尼克海域開展的CETI鯨語翻譯計畫，收錄水下更多抹香鯨的喀答喀答訊號，透過類似ChatGPT人工智慧的訓練學習，試圖破解抹香鯨們的語音模式，往人們與抹香鯨溝通交流的願望再邁進一步。

調查實錄

水面下的精彩

在空拍機、水下相機普及以前，海面就是一堵牆，很難把畫面從水下帶回陸地上，更不用說以飛翔的視角俯瞰水面。而今越來越多夥伴穿越這道牆，用分水鏡、用不鏽鋼曬衣竿，將濕濕的畫面在海面晾乾，成為通往水下世界的一條路。

沒看過抹香鯨的人都好期待看到抹香鯨，因為牠很大，是臺灣可以見到最大的鯨豚種類，就連赫赫有名的大翅鯨（座頭鯨）、虎鯨（殺人鯨）等等，都要比抹香鯨小幾個尺寸。

但是從人類的角度來看，抹香鯨的活動多半都相當單調——呼吸，換氣，呼吸，換氣，頂多在結束呼吸循環時，舉尾下潛。其實我們每分每秒不也在做同樣的事情嗎？人類的呼吸是一種反射，即便我們「忘記」呼吸，但仍舊在呼吸。鯨豚就不一樣了，牠們的呼吸不是反射行為，而是有意識的控制，換句話說，牠可以決定自己要呼吸或是不呼吸。呼吸本身就是意義，只是同屬於哺乳類的我們，千萬年前並未選擇回到水裡，不由得令人好奇，水裡的世界會是如何呢？

花蓮面對的太平洋，長年都有穩定而快速的黑潮流經，而花蓮港的南北有花蓮溪、立霧溪等大河，也會帶來難以預測的沿岸流，如何接近鯨豚、卻又不干擾，是一個簡單卻不易遵循的概念。長年的經驗告誡黑潮夥伴，在花蓮沒有必要下水拍鯨豚，拍不好不說，可能還會讓自己和動物陷入風險。這些年金磊（磊哥）和陳玟樺（左拉）都開始用長長的曬衣竿（而且要是粗的不鏽鋼材質），前端改裝底座，接上運動相機、加個防水殼，就能拍到不錯的水下畫面。

在疫情之前，磊哥會臨時揪「怪咪呀船班」，一收到海上出現虎鯨、大翅鯨、抹香鯨等罕見物種的線報，馬上揪團包船出海。一回他說在鹽寮海洋公園外有一隻抹香鯨，問大家有沒有興趣去看，結果那天出去看的是虎鯨！另一回則與一隻抹香鯨不期而遇，還是老朋友「花小香」。

運動相機插入水下，看到令人震驚的畫面，花小香是公的！因為拍到牠伸出了雄偉的生殖器，船員還比劃著手臂說：「有那麼粗。」但如果考慮到抹香鯨體型的大小，這樣也算合理啦！不過這種尺寸一定會影響游泳的，所以非必要時會收起來，一般只有兩種狀況會運用肌肉控制它「彈」出來，第一種當然就是交配時，公抹香鯨會想辦法卡位，將生殖器放入母抹香鯨的體內，快速完成傳宗接代的任務，只不過競爭的對手很多，所以母鯨受孕十二到十八個月以後，生出來的抹香鯨寶寶，爸爸是誰就很難說了。第二種則是「社交」，抹香鯨除了用頭部、身體、短小的胸鰭互相摩擦社交以外，還會使用長長的生殖器作為打招呼的一種社交工具，甚至可以當作是手的延伸，展現擁抱問候的友好，或者競爭比賽的強弱對決，這就不是水面上的人類可以想像的事情了。

● 調查員陳玟樺（Zola）

沒有人叫她本名的 Zola 左拉，自從二〇一五年來到花蓮參加潮生活營隊後，就深深愛上花蓮的土、海、人、鯨。雖然在日常生活中常常丟三落四，但卻從未丟落攝影器材，也不曾跟丟拍攝的目標。

攝／陳玟樺 Zola Chen

攝／金磊

● 調查員金磊（磊哥）

大家都叫他磊哥，眼睛非常細，大家常常懷疑他的眼睛有沒有張開，可是在海上的目光十分銳利，有著敏銳的審美直覺，能在生物學與美學中創造獨特的視角，是個陸海空三棲的鯨豚攝影師。

科學解說

生物檢體採樣，幫鯨豚做健康檢查

便便如黃金

隨著抹香鯨舉尾下潛，海面上浮現一灘深褐色的水團，整艘調查船的夥伴群情激動喊著：「阿抹大便了！」有人抄起網子準備撈取排遺碎屑，也有人準備瓶子盛裝便便水，還有人盯著海面看哪邊的便便最大坨，也會在目擊紀錄表上標註「排便」。調查人員並不奢望撈到價格如黃金的龍涎香，而是透過採樣便便進入實驗室分析，探究抹香鯨的諸多祕密。

回顧花蓮海域拍攝抹香鯨的照片中，有百分之六的目擊個體下潛時有排便。抹香鯨排便表示這幾天有進食，以牠們深潛吃魷魚的特性，在花東海域水深驟降又富含營養的條件下，能讓鯨魚們大快朵頤並不意外。但另外一種洄游於此的大翅鯨，就鮮少觀察到在臺灣周邊進食的證據。在有圖有真相的年代，能直接看到甚至撈到便便，是鯨豚成功覓食的證據。其他科學家長時間觀察抹香鯨時，會分析排便率與海洋環境的關聯，試圖瞭解抹香鯨覓食區的海水水文，找出成為抹香鯨餐廳的重要條件。

「吃什麼拉什麼」也是蒐集便便的主要用意，在野外鯨豚生態研究中，人類很難跟著牠們潛到深海觀看進食秀，也無法替抹香鯨照胃鏡看胃裡的食渣，只好透過撈便便來窺探一二。便便中會有消化食物的碎屑，包含硬質的魷魚嘴喙。例如長時間在厄瓜多加拉巴哥群島海域研究抹香鯨的團隊，從撈取抹香鯨便便中的魷魚嘴喙，可鑑定出四種海洋中層的魷魚，這些飲食內容與利用早期捕鯨樣本與擱淺抹香鯨中的胃內含物分析的食物組成近似，並不僅限於大王魷魚。但便便中體積較大也較重的魷魚嘴喙可能很快就下沉了，在便便採樣法中可能會漏掉，這也是難免的問題。

隨著現代檢驗技術的提升，科學家能從鯨魚糞便中獲得更多細微的信息。糞便中可能含有鯨魚自身的腸

從與抹香鯨共處的海洋中舀一瓢水，破解抹香鯨身上的謎。

液或部分消化道組織，可以獲取排便鯨魚的DNA序列。此外，糞便中還包含少量的類固醇賀爾蒙，如糖化皮質類固醇（glucocorticoids），這些賀爾蒙能反映鯨魚所承受的生理壓力。鯨魚的糞便還可以檢測其中的汙染毒素和其他化學物質、寄生蟲以及腸胃道細菌組成等，也能提供有關鯨豚健康狀況的參考。通過整合分析結果，科學家可以評估鯨魚所面臨的環境壓力、汙染情況以及健康狀況，這也算是野生鯨豚體檢的一種方式。

抹香鯨皮膚採樣

在海上要直接用肉眼判斷鯨豚性別不太容易，多數鯨豚種類的公母需要看到腹部的生殖裂型態，這部分深藏在海面下難以觀察。少數如虎鯨和一角鯨等則在成年後會有明顯的外型差異，例如雄性虎鯨成年後具有高聳的背鰭。抹香鯨雖然成年雄性的體長較長，且明顯大一號，但在青少年階段和母鯨依舊難辨雌雄。如果性別與年齡組成不易判斷，對於群體中的成員就難釐清關係。

早期如果要檢驗個體資訊，得依靠擱淺上岸或是捕鯨的樣本，而現代就像電影中警察法醫技術日益精進，只要有皮膚一小塊組織，就可以進行各種化驗。因此使用長竿、十字弓或採樣槍等方式像隻小蚊子般在鯨豚表皮咬上一口，回收後再妥善保存到實驗室分析，突破了監測野外健康的鯨豚個體資訊。舉幾個常使用的檢驗：性別、DNA的親緣關係（包含全球不同海域和區域性海域）、脂肪中的汙染物累積、深層脂肪的穩定同位素比例（食性

的變化）。就像是人們的抽血檢查，鯨豚的皮膚脂肪樣本也能反映生理健康。

但侵入性的採樣仍舊會對鯨豚有損傷，除了操作過程中需要遵守動物福利的規範外，為了減少重複採樣對於野生動物的影響，目前科學家在發表相關數據時，同時需要上傳原始的DNA序列，給不同的研究用途重複使用。研究倫理上仍須考量對被研究動物的福祉。

糞水採樣有助於研究抹香鯨的覓食及健康狀況。

調查實錄

成為公民科學家

一九九七年臺灣第一艘賞鯨船「海鯨號」從花蓮石梯港啟航，開啟臺灣的賞鯨業。

在此之前大家不知道臺灣周邊海域有鯨豚嗎？可能真的不知道，因為一般人生活在陸地上，很難有機會到海上去探索不同的世界；而總在海上討生活的討海人，或多或少都有一些跟鯨豚的特殊故事，只是那時候沒有手機可以拍照錄影，所以每每聽這些故事，都像是遙遠的傳說一般。現在只要有手機，人人都可以成為公民科學家。

近十幾年全世界的賞鯨活動越來越活躍，最主要的因素，可能不是觀光風氣或旅遊條件變好，更可能是因為智慧型手機的普及，所見的影像都可以被輕易的記錄下來，當然包含出海賞鯨，只要在網路上搜索「賞鯨」、「海豚」或特定的關鍵詞，馬上就會跳出許多照片、影片，甚至還有文字說明、旁白配音等等，於是「賞鯨」越來越容易進入大眾的世界。當然看別人拍的不過癮，一定要親身體驗海風、陽光，還有鯨豚的美麗身影，遊客們趨之若鶩，花蓮港賞鯨船的數量從最初的一艘，到現在已經有八艘，預計還有新的賞鯨船要加入。

「大家想看大隻的還是小隻的？」黑潮解說員張卉君問賞鯨船上的遊客。許多黑潮的解說員，會在出海前探探遊客的胃口，同時也可以帶入觀察野生動物的概念。「不是大家投票想看大的就會有大的喔！所有的鯨豚都是野生動物，會遇到誰，不一定！」畢竟從花蓮出海賞鯨，大部分遇見的都是海豚（小型鯨）。許多海豚科的種類，會成群結隊一起出沒，當牠們願意和船隻互動的

時候，常常會見到「船首乘浪」的行為，也就是大家在網路上看到，海豚在船頭、腳底下跟船隻尬車，很快樂的樣子！

解說員們聽到賞鯨遊客說出「很快樂」這個關鍵詞，通常會笑笑回問：「你怎麼知道牠們快樂？」因為到底是什麼原因使牠做出這樣的動作，可能不是單看幾秒鐘的動作就可以判斷，生物行為判讀的門檻比較高，對不是那麼熟悉鯨豚、生物、環境的人來說有些困難，但有些賞鯨船的船長或船員，依舊秉持著：「開快一點他們才會高興、才會來衝！」

「欸……不要動，不要動，船不要動！」至於遇到大型鯨，賞鯨船的船長們都會比較謹慎的接近。一來是體型巨大的抹香鯨也好、大翅鯨也好，都非常少見。二來是這幾種大型鯨豚，很少跟船隻尬車，開得快，牠們也不會來跟船，所以通常還可以保持一些優雅的距離。

不過，到了夏天又不是這麼一回事了！七、八月陽光明媚、風平浪靜，是賞鯨旺季。從天亮到天黑，花蓮港的賞鯨船沒有停過，在海上四處找尋鯨豚，各船隻獨自搜索、互相通報，誰可以在最前面看，就是一種不可言喻的默契了。

「抹香鯨！」只要發現相對容易遇見的大型鯨，整個海面都充斥著躁動氣息，只見四面八方船隻的煙囪噴起黑煙，船尾拉出長長的船尾浪，先來後到、怎麼卡位，就各憑本事。最高紀錄有五艘賞鯨船圍著一隻抹香鯨。

沒看過抹香鯨的人一定都想看，看過抹香鯨的人就知道沒那麼好看。可是看過的人少，沒看過的人多。一根粗大灰黑的木頭漂在海面上，時不時會在前頭噴出斜斜的水霧，呼吸，換氣，漂浮……有種無限迴圈的感覺，這就是抹香鯨的日常。牠的身上常會有鮣魚吸附，吃一些皮質屑屑，但要稍微近一點才能看得清楚。抹香鯨經過十幾二十輪的換氣後，就會拱背、舉尾、下潛，當尾巴舉出水面那一刻，等待已久的換氣時間都值得了！拍下照片，期待再次相見。

曾經有一隻約十二至十三公尺的抹香鯨，賞鯨船還沒接近前，斜而有力的噴氣，規律的在海面上散出白色的水霧。船長料想這隻

抹香鯨不太會亂跑，也不太會被船隻嚇到，於是貼著牠緩緩移動，也都相安無事，但船長沒料到的是，這隻抹香鯨「太乖」了，一直換氣一直換氣，就是不離開，此時彷彿陷入了一種賞鯨的困境。「鯨魚一直在這裡，我們要走了、不看了嗎？」於是船長試著再貼近一點、再近一點、再近一點，終於看見一抹巨大的尾鰭抬起，伴隨著遊客的驚呼聲，沒入水中再也不見。

究竟要怎麼接近鯨豚，才是尊重牠們呢？什麼樣的距離、什麼樣的速度、什麼樣的方式，才能讓鯨豚感受到友善呢？我們想要拍照打卡、發限時動態的觀賞行程，還是真的看見牠們行為背後可能的意義的觀察經驗呢？或許這並不衝突，當我們拿起手機、相機記錄下的畫面，不只可以用來記錄自己的生活，也可以成為研究人員的基礎資料，讓海上的訊息更多一些，科學的調查更完整一些，讓一隻又一隻的鯨豚被認識、讓人們多一份對海洋的理解。

● 調查員張卉君（洪亮）

來自山城埔里的奇女子，因為聲音太過宏亮，所以被大家叫洪亮。走跳於山海之間，讀文學系，在文字學被當掉以後出了好幾本書，關於環境議題、海洋故事，也關於自己。

科學解說

當代科技，跨國追蹤鯨豚動態

關於抹香鯨的出沒與移動，基礎資料建立於十八至二十世紀捕鯨年代，當時會記錄鯨豚被捕獲的時間跟地點，部分也有性別、體長、懷孕與否的詳細資訊，在美國捕鯨博物館的公開資料庫中都可以查閱。

一九八〇年代開始，加拿大的鯨類研究學者霍爾・懷德海博士（Hal Whitehead）展開一場抹香鯨觀察之旅，他與研究夥伴共同駕駛一艘九公尺的單桅帆船，有如達爾文乘著小獵犬號航行在各大洋，開展了全球抹香鯨各族群的行為生態與語音探索。使用碗狀的裝置可以聆聽出抹香鯨聲音的方位，日夜不間斷的尾隨著同一群抹香鯨，發現抹香鯨育幼群長時間的徘徊在熱帶海域覓食休息。

現代太空中有許多衛星繞行，也對於內太空海洋的研究有諸多助益，最重要的就是為抹香鯨掛上一個衛星發報器，當牠出海面呼吸時，發報器上的訊號如果被運行的衛星記錄到，岸上科學家就可以知道抹香鯨身處哪一片海洋，與其他水色衛星的水文資料搭配分析，瞭解牠們覓食的位置。

除了出現的位置，人們更想知道抹香鯨的水下活動，新型態的科技也幫上大忙，像手機內建陀螺儀般的運動傳感器，溫度、深度的偵測與記錄器，甚至還有聲音記錄裝置整合成新型態的記錄器，讓抹香鯨在水深一千到兩千公尺尋找與追逐魷魚的一舉一

透過衛星發報器追蹤鯨豚的移動路線。

動都能被記錄下來。根據目前的抹香鯨潛水行為，成年的個體一天百分之八十以上的時間都在深海，停留在海面的時間有限。

追蹤抹香鯨並不只是滿足人類的偷窺慾，想要保護牠們必須先瞭解生活習性。例如在覓食區就要注意海域汙染的情形，在育幼區要特別注意航運與漁業衝突的管理，關鍵洄游的廊道要避免棲地開發的阻攔效應等。

● 衛星發報器的演進

過往的衛星發報器是侵入性的，以十字弓、獵槍（更換子彈火藥與設計避免過度傷害鯨豚）將衛星標籤射在鯨豚身上，或是暫時捕捉後，在背鰭打洞裝設。現在則改良成吸盤式，以長竿子掛載衛星標籤，在船隻靠近鯨豚時，透過長竿子將衛星標籤吸附在鯨豚體表，是相對友善且進步的方式。有些衛星標籤除了記錄座標之外，也會將鯨豚下潛深度、發出的聲音一併蒐集回傳。

攝／金磊

part 3

文／蔡偉立

全球保育進行式

守住與鯨共生的海洋綠洲

雖然我們可以搭賞鯨船出海，等待和抹香鯨相遇的機會，然而從捕鯨時代結束後至今，包括抹香鯨在內的鯨豚們，仍受漁業及海洋汙染等威脅。近年人類對鯨豚的價值衡量，已從骨肉油脂等民生用品，轉為生態旅遊和對海洋大氣環境的貢獻，保育鯨豚已經成為全球進行式。讓我們從臺灣航向世界，探尋國外鯨豚保育組織守護海洋綠洲的方式。

全球抹香鯨保育基地

人類對抹香鯨影響最劇烈的時代，是十八世紀至一九八〇年代的商業捕鯨活動，將近兩個世紀的獵殺，不僅造成全球大型鯨數量銳減、鯨群基因庫的多樣性大幅降低，甚至造成某些物種的區域性滅絕，例如花蓮老船長回憶中的西太平洋灰鯨。

直到鯨魚資源日漸枯竭，加上保育觀念興起，國際捕鯨委員會的成員國在一九八二年決議停止商業捕鯨。現在只剩極少數國家仍持續捕大型鬚鯨，例如日本、挪威和冰島。以抹香鯨為目標的獵捕數量零星，僅在印尼小島漁村拉馬萊拉（Lamalera）的原民傳統活動中可見。

「鯨油點亮了世界所有的燈。」

十八、十九世紀的捕鯨產業相當於現在的石油工業，舉凡燃油、潤滑油到肥皂、藥膏、乳瑪琳等民生必需品中都有鯨油的存在。在塑膠出現以前，球拍和蓬蓬裙內支架等耐用彈性材料都是鯨鬚片製品；鯨骨則可作為大建材或小骨牌，日治時期興建的鵝鑾鼻神社，它的鳥居就是一對長須鯨的下顎骨。

這段期間捕鯨的對象從體型最大的藍鯨開始，數量變少以後，目標就轉移到體型次之的長須鯨，近岸游速緩慢的露脊鯨也較容易得手，牠們動輒百公噸的骨肉油脂，都是人們養家餬口的資源。

商業捕鯨的目標多為鬚鯨，但唯一的例外是齒鯨中體型最大的抹香鯨，更特別的是牠擁有一些鬚鯨體內所沒有的物質。牠那圓錐形的大牙齒，自古以來便是繪畫雕刻、送

紐西蘭凱庫拉因氣候冷冽，僅雄性抹香鯨會經過或定居。（攝／蔡偉立）

中美洲加勒比海的島國多明尼克，其總理於二〇二三年十一月宣布成立世界上第一個抹香鯨保護區。

禮裝飾都愛用的珍品，腸子裡的龍涎香是更加昂貴的定香劑。此外，抹香鯨的大頭裡有著獨一無二的腦油，是太空梭指定使用的潤滑劑，因為具有不結凍的特性，至今其他物質仍無法替代。雖然捕鯨時代鯨魚各個部位幾乎完全利用，但後世發現鯨魚的價值不只是肉骨油脂。

在國際自然保育聯盟（IUCN）紅色名錄中，抹香鯨被列為易危物種（vulnerable）。研究抹香鯨的霍爾・懷德海博士等人在二〇二二年發表數值模型推估結果，一七一二年開始捕鯨以前，全球抹香鯨數量將近兩百萬隻，二〇二二年約為八十四萬隻，減少約百分之五十七。不過抹香鯨壽命可達七十年以上，人類開始研究抹香鯨也不過四十多年，近年整體族群量還有待觀察。捕鯨時代雖已走入歷史，但要恢復鯨魚族群量卻無法一蹴而成。

有些鬚鯨在赤道和極區之間有固定的年度洄游路線，但抹香鯨沒有，由於牠喜歡吃深海頭足類，會不斷下潛深海覓食，因此在近岸就有深海峽谷、海溝或海盆的地形，就有更多機會看見抹香鯨上來喘口氣休息。以下幾個抹香鯨保育熱點，都具有上述的地形特徵，而且都曾是商業捕鯨重鎮，一九九〇年代以後逐漸轉型成抹香鯨的賞鯨、研究和保育基地。

多明尼克，世界第一個抹香鯨保護區

二〇二三年十一月多明尼克總理史卡利（Roosevelt Skerrit）宣布成立世界上第一個抹香鯨保護區，七百八十八平方公里的海域，占該國經濟海域的百分之三，除了劃設保護區，也設置「資深鯨魚長」（Senior Whale Officer）一職，負責監督保護區內人鯨互動的狀況。保護區內大船不能進入，以減少噪音和船隻碰撞危險，也禁止大規模商業捕魚，僅限傳統、社區型的小規模漁業。

多明尼克是位於中美州加勒比海的島國，附近有海底峽谷和湧升流，抹香鯨終年可見，這裡的鯨豚研究超過四十年，對抹香鯨的生活史及聲音溝通模式的瞭解領先其他海域。周邊海域有將近五百隻、大約三十五個抹香鯨家族，主要為母子育幼群，牠們大部分時間都在多明尼克附近海域活動，不會游到太遠的陌生洋區。

在多明尼克拍攝到抹香鯨排便。

生物學家還發現一個難以啟齒的現象：這裡的抹香鯨婆婆媽媽群的排便量比其他海域的抹香鯨還多一倍，不確定是因為吃得多、帶小孩很耗能、或是食物組成有區域性的差別。人們在水面就可以觀察到抹香鯨便便渲染海面的現象，是因為抹香鯨深潛時，身體的血液和氧氣只供應大腦運作和尾部運動等必要功能，其他生理機能則進入系統暫時關閉的狀態，當牠們回到水面呼吸停留時，才在淺海舒壓解便。

觀光業是多明尼克的主要經濟來源之一，自然生態也是重要的觀光資源，因此賞鯨業與科學研究相輔相成，以永續發展為共同目標，促成抹香鯨可以安居的保護區，也成為世界其他抹香鯨出沒海域的典範。

亞速群島的友善賞鯨守則

亞速群島位於北大西洋中央，主要由九個小島構成，為隸屬葡萄牙的自治區。亞速群島有一百五十年的捕鯨歷史，與另一個葡萄牙自治區馬德拉群島都是獵捕轉運與加工重鎮。據統計，

多明尼克的抹香鯨以母子育幼群為主。（攝／金磊）

北大西洋亞速群島的捕鯨紀念雕像。

葡萄牙本土沿海和這兩處群島在一八二六年到一九八七年之間，共獵捕將近兩萬四千隻抹香鯨。

即使一九八七年亞速群島少部分業者仍不顧眾議出海捕捉了最後兩隻抹香鯨，然而世界停止捕鯨的趨勢和法規，已經使得國際市場消失、交易困難，居民花了一段時間才接受現實，捕鯨產業在亞速群島完全退場。

一九九〇年代亞速群島開始有賞鯨公司成立，同時科學研究也起步發展，在亞速群島觀察記錄到的鯨豚有二十八種，其中鬚鯨有七種，每年三月到六月有機會見到洄游的藍鯨和長須鯨，其餘二十一種中小型齒鯨裡，有一群瑞氏（花紋）海豚是亞速群島的鄰居，如同花蓮常見的花紋海豚，研究人員已經辨識出許多個體，並持續觀察牠們的社群動態。鯨豚多樣豐富的程度造福了賞鯨業，有業者在三小時行程內看到九種鯨豚，更難得的是，這裡全年可見抹香鯨！

抹香鯨是母系社會動物，年輕雄鯨離開外婆、母親、阿姨與弟弟妹妹之後，向較冷的高緯度水域壯遊，雌鯨群則帶著未成年幼鯨住在較溫暖的低緯度海域。亞速群島的抹香鯨多是育幼群，因

亞速群島將過去停放捕鯨船的空間轉型成捕鯨博物館。

此兩種性別和各年齡層都有，有研究估計經常出沒的抹香鯨約有七百隻。從二〇〇九到二〇一七年在亞速群島最大的聖米格爾島所做的研究發現，在此定居的抹香鯨分屬至少十二個社會關係穩定的小單位群體，每單位有二至十三隻成員，八年的觀察期間記錄與辨認了三百九十三隻個體。

初期賞鯨公司多以小型的硬式充氣船載客，噪音和碳排放均較低，然而由於政府限定賞鯨船隻的牌照數量僅二十艘，因此有些業者換成載客量大的船隻，或是分散到其他島嶼和港灣經營，但做到分時分區使用海域，以便降低對同一鯨群的影響。為了維護人類和鯨豚和諧共存的關係，一九九九年頒布初版的「亞速友善賞鯨」守則，包括船隻要距離大型鯨五十公尺以上，若遇到母子對，必須保持三倍以上的距離；同一鯨群每次只能有三艘船接近，每次不超過十五分鐘。少部分業者有下水與抹香鯨同游的行程，為了鯨與人雙方的安全，增列了更多對於人類行為的規範。

亞速群島長期以來是歐洲遊客的避寒觀光勝地，由於賞鯨業者的自律和積極，在海上能夠遵守友善賞鯨的規範，在陸地上的管理也能兼顧

亞速群島載客賞鯨的硬式充氣船。

環保和社區發展，並且與世界鯨豚聯盟（World Cetacean Alliance）合作，在環境、社會、經濟、教育和永續發展各層面提升產業水準，終於在二〇二三年二月，亞速群島及周邊十一萬平方公里海域獲得「鯨豚文化遺產地」（Whale Heritage Site）認證，成為全球認證的十個場址之一，同年十月馬德拉群島也獲此認證。

凱庫拉，毛利人視鯨為珍寶

凱庫拉位於紐西蘭南島的東北岸，地名「Kaikōura」源自毛利語的食物（kai）和小龍蝦（koura）二詞。由於離岸不遠就有深海峽谷，加上湧升流支持豐富的生物相，是海洋生物多樣的熱區。全年可見的鯨豚有抹香鯨、暗色斑紋海豚和瀕危的赫氏海豚，也可見季節性遷徙的藍鯨、大翅鯨、虎鯨，本地以鯨豚和海豹族群的特色，成為世界自然保育聯盟（IUCN）認可的海洋哺乳動物重要棲息地（IMMA）。

凱庫拉海灣位於南緯四十二度，在航海時代以來知名的「咆哮四十」海域，然而抹香鯨育幼鯨

群喜歡暖水域，活動範圍很少超過南北緯四十度以上，因此在這強風寒冷環境出沒的，幾乎都是遠行探險的雄性抹香鯨，雄鯨有定居者也有遷移者，牠們有時會往更遠處去探索新的獵場。研究發現這裡的雄鯨在深度五百到一千兩百五十公尺水層覓食，除了大吃烏賊，也吃鯊魚或魟魚等底棲魚類，從累積的照片辨識出有些個體已經在這生活至少三十年，但也從中發現本地抹香鯨數量有下降趨勢，春夏來訪者比冬天少，可能和食物分布有關。

約八百年前航行來到紐西蘭的毛利人傳統中，鯨豚是遠洋航行的守護者，擁有超自然的力量，會救援遇難的人，因此在毛利文化中抹香鯨有神聖的地位，是海洋帶來的珍寶，象徵堅強與毅力，並具有領袖特質。

鯨豚被毛利人當作珍寶，也反映在現行的法律中：「珍貴物種的經營和管理，必須諮詢部落的意見。」擱淺死亡的鯨魚被當作上天賜予的禮物，會先由部落舉行送別儀式，之後再交由保育部處理，作為研究標本或是部落製作器物之用。

十九世紀歐洲殖民者將捕鯨工業引進凱庫拉，定居的抹香鯨與其他洄游路過的大型鬚鯨都成為捕獵目標，造成附近海域的南露脊鯨群幾乎滅絕。一九六〇年代末停止捕鯨，卻又造成村莊貧窮與人口流失的情況不斷惡化，直到一九八九年部落開始嘗試經營賞鯨業，二〇〇六年成為每年有將近一百萬人次造訪的觀光勝地，並且在二〇一四年被全球性的永續旅遊認證組織「Earthcheck」認證為環境永續的旅遊社區。凱庫拉人和鯨的關係在百年內轉變數次，而部落復興、信仰與價值觀，都是形塑產業與社區的關鍵。

鯨豚研究與友善賞鯨也同樣在凱庫拉這片海域持續進行著，紐西蘭和臺灣一樣位於環太平洋的地殼活躍區，二〇一六年凱庫拉發生一場規模七點八的大地震，海底地形大幅改變，之後一年觀察到抹香鯨下潛的時間更長，意思是需要花更多時間、更費力地往更深或更遠的海底覓食；雖然從撈起的皮膚樣品同位素分析發現，抹香鯨的食性沒有改變，但是攝食和活動的地點因為地震改變了。

A — 亞速群島
B — 多明尼克
C — 紐西蘭
D — 美國
E — 地中海
F — 北大西洋
G — 加拉巴哥群島
H — 模里西斯
I — 日本
J — 斯里蘭卡
K — 臺灣
I
K
I
J
H
C

全球抹香鯨熱點與重要保育組織

圖／陳文德　文／余欣怡、李怡欣

本地圖參考生物多樣性資訊機構（GBIF）一九四〇年至二〇二四年目擊資料視覺化呈現全球抹香鯨出沒熱點，並標示出全球對抹香鯨進行保育或研究的重要組織。紅色為前述地點的保育組織，綠色為研究大範圍海域的區域型組織，藍色為著重特定樣區的熱點型組織。

全球抹香鯨重要保育組織簡介

A 亞速群島——亞速鯨類研究室（The Azores Whale Lab）由亞速大學海洋科學研究所於二〇一六年創立，其中「抹香鯨衛星遙測計畫」透過將衛星標籤追蹤抹香鯨在亞速群島和北大西洋周圍的活動，並比對航運及漁業區範圍，研究人類活動對牠們的影響，研究團隊也與亞速群島和葡萄牙政府合作，積極參與海洋治理和政策制定。

B 多明尼克——二〇〇五年懷德海的學生尚恩格羅（Shane Gero）博士發起及推動多明尼克抹香鯨計畫（The Dominica Sperm Whale Project），長期追蹤多明尼克的抹香鯨家族與個體，並與世界重要的研究機構與科學家合作，進行多明尼克抹香鯨的家族關係、社交互動、聲音行為、覓食策略等研究。

C 紐西蘭——紐西蘭鯨豚信託基金會（New Zealand Whale and Dolphin Trust）是紐西蘭的鯨豚保育與研究組織。二〇二一年他們啟動「南太平洋抹香鯨研究計畫」，將樣區從凱庫拉擴展至奧塔哥海岸與北島，並融入毛利人的傳統原民知識，提供西方科學之外的鯨豚研究觀點。

D 美國——美國的鯨豚保育由官方的國家海洋暨大氣總署（National Oceanic and Atmospheric Administration）主導，近期目標是盤點可能影響抹香鯨族群豐度／恢復／生產力的因素，並提出相應的改善方案。一九七一年成立的海洋聯盟（Ocean Alliance）則是世界上最早開始保護鯨豚的組織之一。

E 地中海——抹香鯨在地中海也有一個獨特的族群。義大利的特提斯研究所（Tethys Research Institute）從一九九〇年開始進行地中海抹香鯨的個體辨識，監測其族群的數量消長，二〇〇四年後擴及抹香鯨個體生長狀況及海洋汙染等研究。

F 北大西洋——北大西洋的抹香鯨以挪威西部海域為出沒熱點，因為雄鯨比雌鯨更容易前往高緯度海域，生物學家認為此區多為年輕單身漢群。成員國家包含法羅群島、格陵蘭島、冰島和挪威的北大西洋海洋哺乳動物委員會（North Atlantic Marine Mammal Commission），對包括抹香鯨在內的多種鯨類進行管理與保護，並以國際合作落實相關措施。

G 加拉巴哥群島——世界抹香鯨研究的起源地，抹香鯨全年可見，也是重要的覓食與育幼區。抹香鯨研究先驅懷德海創立研究室（Whitehead Lab），從一九八五年以此地為樣區，發現這裡的抹香鯨有著複雜的社會結構，進而以不同洄游路徑、社會行為等特徵對加拉巴哥群島的抹香鯨家族進行深入研究。

H 模里西斯——東非的模里西斯海域有一群約百隻的定居型抹香鯨，但近年牠們飽受汙染、工業活動、船隻碰撞等衝擊。海洋巨型動物保育組織（Marine Megafauna Conservation Organisation Mauritius）從二〇一三年以來投入當地抹香鯨族群的研究，至二〇二〇年疫情前總共辨識出九十七隻抹香鯨個體，其中包括十一隻幼鯨，為抹香鯨族群的動態、穩定性和趨勢提供可貴的資料。

I 日本——日本以小笠原群島為全年可以看到抹香鯨的地區，是亞洲研究抹香鯨行為、聲學交流和潛水模式的理想地點。一九八九年成立的小笠原賞鯨協會（Ogasawara Whale Watching Association）除了協助辦理與規範賞鯨活動外，也支持抹香鯨保育和相關的研究。另外北海道的知床半島在七到十月也常見抹香鯨，同樣是抹香鯨的亞洲研究區，但保育工作沒有小笠原群島這麼多。

J 斯里蘭卡——全球少數可以水下觀察抹香鯨的地點，也是抹香鯨的重要棲地之一，特別是南部和東部深海區域，因海底峽谷提供了大型魷魚等豐富的食物，使抹香鯨能夠在此深潛覓食。然而在此區生活的抹香鯨面臨漁具纏繞和船隻碰撞的威脅，過度發展的賞鯨產業也對牠們造成影響，但目前尚無特定的研究或保育單位。

花蓮賞鯨與生態調查

一九九七年是臺灣的賞鯨元年，起初遊客對賞鯨有許多想像和期待，一旦想像與實際看到的有落差，下船後就可能會抱怨「為什麼都是海豚？鯨魚在哪裡？」甚至有人要求退票，認為賞鯨看不到鯨魚就是廣告不實。從此以後，解說員在登船前就會告訴乘客，「鯨魚和海豚在生物分類上是同一類生物，只是大小相差很多。」「看到十公尺以上大型鯨的機會很少，若能看到你就是今年的幸運星！」

一九九〇年，澎湖沙港捕殺瓶鼻海豚事件引發國際關注，促使臺灣依據「野生動物保育法」將所有鯨豚納入保育類動物，但當時臺灣還沒有鯨豚相關的科學研究，就連沿近海有哪些鯨豚種類都不確定，因此在一九九一年，臺灣大學動物學系的周蓮香老師開啟了鯨豚生物學研究。

由於澎湖海豚名聲在外，周蓮香老師的研究團隊一九九三和一九九四連續兩年夏天都在澎湖做海上調查，可是目擊鯨豚群次卻很少。原來，冬天才是澎湖海豚大量出現的季節，海豚和漁民都在追捕好吃的鰆魚，然而一般遊客不適應冬日澎湖的低溫和東北季風，所以較難發展賞鯨業。

一九九五年六月周蓮香老師舉辦國際鯨豚研討會，嘗試從花蓮出海，首航就目擊多種鯨豚，船上所有國內外學者都覺得花蓮的夏天大有可為，因此一九九六年起將海上調查轉移至花蓮，這群「尋鯨小組」的成員是花蓮鯨豚調查的先驅者，也是創立黑潮的核心人士，開啟日後花蓮發展賞鯨業的契機。

從前面介紹的世界抹香鯨保育熱點，可以歸納

七星潭的定置漁場也是常發現鯨豚的地方。

出世界賞鯨勝地的共同特徵：

一、緊臨深海峽谷、海溝或海盆的海岸地形，在沿近海就有機會看見鯨豚上浮呼吸。

二、地球上大約有九十種鯨豚，這些地點都有二十至三十種鯨豚出沒的紀錄。

三、近年保育觀念受到重視，轉型發展的賞鯨業，以友善賞鯨的方式永續經營。

四、賞鯨的興起帶動地區觀光和社區發展，都持續傳遞鯨豚與海洋保育的觀念，並支持科學研究和教育的發展。

這些條件是不是看起來都很熟悉？因為花蓮以上皆是：緊鄰太平洋，有直下兩千公尺之多的深海，因此離港不遠很快就有機會目擊鯨豚。

一九九七年，「海鯨號」在花蓮南區的豐濱鄉石梯港進行首航，原本從事傳統鏢旗魚、延繩釣漁業的石梯港，成為臺灣賞鯨發源之地，這是臺灣前所未有的事業，不僅開拓漁業新方向，對於海上生態旅遊也深具意義。

花蓮北區的多羅滿賞鯨公司在隔年創立，從花

右上：弗氏海豚。右下：柯氏喙鯨。左上：偽虎鯨。左下：花紋海豚。

蓮港出航，並且和同年誕生的黑潮海洋文教基金會合作。多羅滿有兩個世代的優秀船長，黑潮則逐年培訓解說員，一起提供鯨豚生態的解說服務。除了在船上解說與協助遊客的疑難雜症，下船後還需要完成當班的鯨豚目擊紀錄表，這是一份以基礎鯨豚生態調查為目標的紀錄表格，也是生態科學中最基礎的觀察和記錄。多羅滿和黑潮長期用自身資源投入，累積臺灣對鯨豚生態的瞭解，也成為國內公民科學的最佳案例之一。

在臺灣，無論公私單位連續二十年支持一項基礎科學研究的情況十分罕見。雖然記錄的意義和目的曾被質疑，科學只能回答科學的問題，無法回答個人情緒或偏好；然而情感會疏離，表格會留存，一張張用心填寫、如實記錄的表格累積二十多年後，終於被好好分析和呈現，看見花蓮鯨豚種類與分布，以及受海洋環境變動的影響。

鯨豚科學研究的過程往往十分漫長，不僅是學海無涯，也因為鯨豚的壽命依種類不同從四十到百歲都有，抹香鯨的壽命更可達七十年或更久，牠們的世代時間幾乎和人類相同，遠超過研究者的職業生涯，使得集體長期累積的數據更顯重要，因為長壽又聰明的鯨豚擁有複雜的社會行為和生態，許多現象和意義也許在我們有生之年以後才會浮現。

花蓮抹香鯨的科學分析

黑潮夥伴總是望向東邊的海：有可疑的噴氣嗎？有載浮載沉的深色物體嗎？有三角形的背鰭嗎？有可疑的擾動浪花嗎？這些都是鯨豚出現的線索，其中最令人期待的就是

右上：短肢領航鯨。右下：飛旋海豚。左上：熱帶斑海豚。左下：瓶鼻海豚。

那獨一無二的四十五度角噴氣，因為全世界九十多種鯨豚鼻孔都在頭中央，噴氣直上直下或高或低，唯一的例外就是抹香鯨，只有牠的鼻孔位於頭左前方，噴氣的水霧衝向斜前方，這個特徵讓觀察者絕對不會誤判為其他種類。

相較於過去二十年抹香鯨目擊全年掛零或個位次數，二〇一六年目擊三十三群次，之後幾乎年年都有二十群次左右的目擊，二〇二三年抹香鯨甚至躍升進入常見榜上第六名，這是賞鯨之初無法想像的盛況！

在海洋保育署委託的「一〇九年度花東海域鯨豚族群調查計畫」中顯示，二〇二〇年觀察記錄到十一群次的抹香鯨，不同群次的觀察中有發現育幼群，至少有三對母子對，還撞見雄鯨企圖與母鯨交配的場合；也有體長十公尺左右的未成年雄鯨，對船隻十分好奇、頻頻逼近來回審視；根據尾鰭照片的比對，發現其中有幾隻停留在花東海域數天至數週。研究還指出抹香鯨常出沒在水深一千八百至兩千公尺之間，活動範圍離岸平均十五點七公里，和黑潮離岸遠近、魷魚等食物的分布相關。二〇二三年令人驚喜的抹香鯨爆發現象，引起更多關注與問題，二十多年來，花蓮港的賞鯨船沒有改變活動範圍，抹香鯨一再出現，牠們是否好奇又無懼地來看我們？我們是否維護了這片海的豐饒與安全？未來抹香鯨的盛況會持續或衰退？當抹香鯨的出現頻率遠高於每年的颱風假天數，讓人很難不期待。

牠們會再來嗎？牠們過得好嗎？

牠們去哪裡了？

有許多問題和期待，現在不一定能完全回答，需要長期支持基礎科學研究，才可能在未來解開謎底。

擱淺的環境警訊

鯨豚不只能夠在海上遇見，陸地上偶爾也有機會，古今中外海岸常是鯨與人相逢之處，在人們終於一睹大海怪通體樣貌的同時，卻往往成為鯨生的終點。

擱淺，是指鯨豚受困於淺灘，無法自行游回大海，受困時間越長、存活機率越低。雖然鯨豚用肺呼吸，不像魚類離水很快即死亡，但是擱淺的鯨豚容易過熱緊迫，加上胸腔因失去水的浮力受自身重量壓迫，以及其他人為干擾、環境天候因素、或是自身傷病等，在內忙外亂的極度壓力下，小型鯨豚也許還有機會送往救援機構，接受醫療和復健之後野放，但是身長超過十公尺的大型鯨類，幾乎都無法活著回到海裡。

臺灣早期鯨豚擱淺的處理方法十分單純，新鮮的肉成為當地居民的加菜項目，腐爛者則被棄置。直到一九九〇年代鯨豚列入保育類動物、生物研究展開以後，保育單位和學者積極處理擱淺鯨豚，無論死活，送上門的擱淺樣本是最快速獲得生理病理訊息的方式；此外，抹香鯨和其他大型鬚鯨的骨骼標本，也是相關展示教育場所愛用的展場焦點。

抹香鯨擱淺並不是常有的現象，大部分鯨豚死後都落入海底。和臺灣每年上百隻的鯨豚擱淺數量比起來，抹香鯨擱淺的案例更少，「臺灣海域鯨豚族群調查計畫」從一九九四年到二〇二二年累積一千五百七十八隻鯨豚擱淺紀錄中，只有二十隻抹香鯨，但其中有幾隻呈現的特殊狀態，反映出海洋環境惡化以及人為因素的介入。

二〇〇四年臺南抹香鯨爆炸現場。（圖片提供／王建平）

臺南，抹香鯨轟然大爆炸

臺灣最著名的抹香鯨擱淺案例，莫過於二〇〇四年在臺南市區大爆炸的抹香鯨屍體，不只臺南市民永生難忘，也登上國際媒體。這隻長達十七公尺的成年雄性抹香鯨在雲林縣臺西鄉擱淺死亡，準備載往四草野生動物保護區進行解剖研究。然而屍體因腐敗產生的沼氣膨脹，在經過臺南市西門路三段時，轟然一聲爆裂了！血肉與內臟瞬間噴飛四濺，而且伴隨掩鼻惡臭，當地居民和清潔人員花了大半天打掃，餘味猶存數天。目前這隻抹香鯨的骨骼標本陳列在成大安南校區的「南瀛海洋保育教育中心」，至今仍是關注鯨豚的人津津樂道的奇聞。

綠島，離奇的抹香鯨屍塊

二〇二一年四月，綠島民眾發現有一隻抹香鯨擱淺，從體長僅八點五公尺，判斷是未成年鯨。然而這隻抹香鯨屍體特別離奇：全身被大切四塊，而且斷面平整，三處切口幾乎等分身體，依

二〇二一年綠島離奇的抹香鯨屍塊。(圖片提供/王浩文)

序在頭後方、身體正中央、身體中偏後，只剩腹部皮肉部分相連，為何如此陳屍？

要還原牠經歷了什麼並不容易，雖然外表有幾處鯊魚咬痕，但這不是致命的原因，推測死後屍體漂流才被啃咬。斷面傷口的大小與形狀，遠超過一般船隻螺旋槳葉造成的平行傷痕，是更大船艦的槳葉嗎？還是其他大型海事工程機具？或有可能是死後被人分屍又棄屍？

由於天候不佳、人員有限，當時只能就地掩埋這隻抹香鯨，直到同年八月再去挖出骨骼，進行後續研究收藏。若要追溯死因、還原案發現場，都需要更多新鮮的組織樣本和完整的解剖報告，然而這些訊息都隨著死亡後的時間流逝而消失，諸多疑問無法解答。

嘉義，大寶的遺憾

二〇一五年十月十五日漁民通報嘉義東石外海有一隻抹香鯨擱淺，好消息是牠還活著！成功大學海洋生物及鯨豚研究中心與嘉義縣救難協會將抹香鯨拖到深水區，以為牠已成功脫困，努力救

二〇一五年於嘉義東石外海搶救大寶。（圖片提供／王建平）

援期間還為牠取名「大寶」，不料三天後發現大寶躺在八掌溪出海口的沙洲。

受到天氣與漲退潮的影響，在沙洲上能夠連續工作的時間有限，而且地形障礙搬運重物不易，十月二十二日已經腐爛的大寶終於抵達成功大學，很多病理分析都無法進行，然而解剖發現，大寶胃裡的漁網及塑膠袋多到需要用怪手搬運。

抹香鯨誤食海洋垃圾造成消化道阻塞，長期甚至影響進食、吸收，導致營養不良與消瘦，正常的成年抹香鯨往往有十五到二十公分以上的鯨脂層，大寶的脂肪層卻只有五公分。在眾人的關注下，三天內看大寶從活著到死亡，更令人難過的是，發現牠的胃裡有這麼多人類製造的垃圾。

為什麼鯨豚會擱淺？

關於鯨豚擱淺的原因有各種說法，包括疾病影響導航系統、因傷病而不支倒地、受到追捕驚嚇上岸、返回祖先生活的陸地求救、不熟悉環境或天候惡劣導致迷途等等，許多擱淺案件有複合成因，綜合了健康和環境的不良狀況。

二〇一七年十隻抹香鯨集體擱淺在印尼亞齊的海灘，在當地民眾的救援下，最終六隻回到大海，四隻不幸死亡。根據數百年來各地擱淺案例的分析，發現擱淺地點（尤其是群體擱淺熱點）往往有地磁線和海岸線垂直的特徵。除了鯨豚生理狀況、地球海洋環境因素，近年還有研究發現，太陽活動也許對我們的星球和生物有不同程度的影響。

二〇一六年一月八日有兩隻抹香鯨在德國海岸擱淺，而後在北大西洋沿岸的英國、法國、荷蘭和丹麥四個國家陸續有小群體擱淺，截至二月二十五日共有三十隻抹香鯨擱淺，是北大西洋有史以來規模最大的抹香鯨擱淺紀錄。

這三十隻抹香鯨都是未成年雄鯨，有些獨自行動，有些形成單身漢小群體，一同闖蕩北緯四十度以上的寒帶水域，雌鯨和幼鯨形成的育幼群幾乎不會到如此高緯度覓食。解剖發現這些雄鯨健康營養狀態大多良好，其中九隻胃裡有少量廢棄物；沒有疾病或顯著受傷、沒有漁業網具纏繞等致命的威脅。根據當時的海洋環境資料，也沒有地震、水溫上升、藻類增生、病原菌爆發或化學

左、右：二〇一七年十隻抹香鯨集體擱淺在印尼亞齊的海灘。

汙染的現象。近年有報告指出當時的太陽活動旺盛，太陽閃焰劇烈影響地球磁場，導致北海的地磁線位移了四百六十公里之多，因此習慣在北大西洋海盆南側攝食的抹香鯨，原本習慣的方向感大受影響，造成許多抹香鯨在周邊陸續迷航擱淺，但是有其他研究對太陽風暴和擱淺的關聯性存疑，未來還需要更多研究。然而北大西洋在地形上北深南淺，從三千多公尺的深海（也是抹香鯨喜歡覓食的地方）往南陡升為四十公尺左右的淺海，可能地形和其他困擾抹香鯨的不明原因共同造成這次大災難。

促進地球養分循環的鯨魚幫浦

在人類歷史中，抹香鯨的意義不斷改變。遠古被視為令人敬畏的大海怪；兩百多年前的捕鯨時代，被視為取之不盡的商業資源；到一九九〇年代逐漸發展賞鯨觀光，原本捕鯨的港灣城鎮也發現讓鯨豚活著比死亡更值錢。

二十一世紀透過科學研究，人類發現抹香鯨不只是在大腦容量、潛水紀錄上締造許多生物界的金氏紀錄，在生態上還有深藏不露的蓋世武功：鯨魚幫浦與藍碳封存者！

鯨魚幫浦的原理其實很簡單，如同幫浦是協助物質由下往上的工具，抹香鯨在海洋深處覓食，浮到水面呼吸與排泄，便便中的深海礦物質例如鐵和磷元素，以及代謝後的有機氮肥等，都成為促進浮游植物生長的肥料。浮游植物作為海洋初級生產者，在海中進行光合作用吸收二氧化碳，並製造大氣中至少一半的氧氣；抹香鯨頻繁的深潛上升，恰巧成為提取深海物質施肥海面的動作，進而促進整個海面生態系的繁衍與豐盛。

抹香鯨向上帶來養分，向下帶去什麼呢？鯨豚自然死亡後只有少數在海岸被人看見，多數都是沉入海底，透過深海無人載具的搜尋和攝影，發現海底的鯨魚骸骨上面有意想不到的豐富生物相，大型鯨魚的遺骸儼然成為海底的一座豐盛山丘，作為許多深海生物的食物來源，這種現象稱為「鯨落」，為深海物種提供了棲地和營養。

鯨落蘊含另一層意義，國際捕鯨委員會（IWC）在二〇一六年證實鯨類對生態系的功能，包含碳封存作用的重要性；其實鯨魚本身就是一個長年累積的大型含碳有機體，死亡後屍體

抹香鯨的排泄物是海中浮游植物的肥料。

下沉就自然將碳元素永遠封存在海底，不再散逸到空氣中。二〇一九年的研究估計，每隻大型鯨魚在死亡沉入海底時，平均會吸收三十三噸二氧化碳，從此開啟了鯨魚的價值可能進入碳權交易的新角色。

地球暖化為現今人類世全球性的現象，近年減少碳排放和各種碳封存的方式都被檢視，發現碳封存的功能不只在森林與地殼中，海洋生態系固碳的功能也不輸森林。海洋碳匯功能主要分布在海岸的紅樹林、海草床和鹽沼裡，這些海洋生態系的碳匯被稱作「藍碳」。抹香鯨在海洋養分循環和碳封存上都有貢獻，是減緩氣候變遷的藍碳的一部分，雖然目前多數碳循環的計算未將鯨豚列入，藍碳也還未納入世界碳權交易的機制中，未來繼續深入研究，很可能成為碳權交易市場的新成員。

二〇一九年國際貨幣基金組織（IMF）發表的文章提到，以科學的方法估算，一隻大型鯨一生能夠貢獻的固碳量，以二氧化碳的市場價格換算，再加上漁業發展、生態旅遊等面向的其他經濟貢獻，保守估計價值超過兩百萬美元。這是以

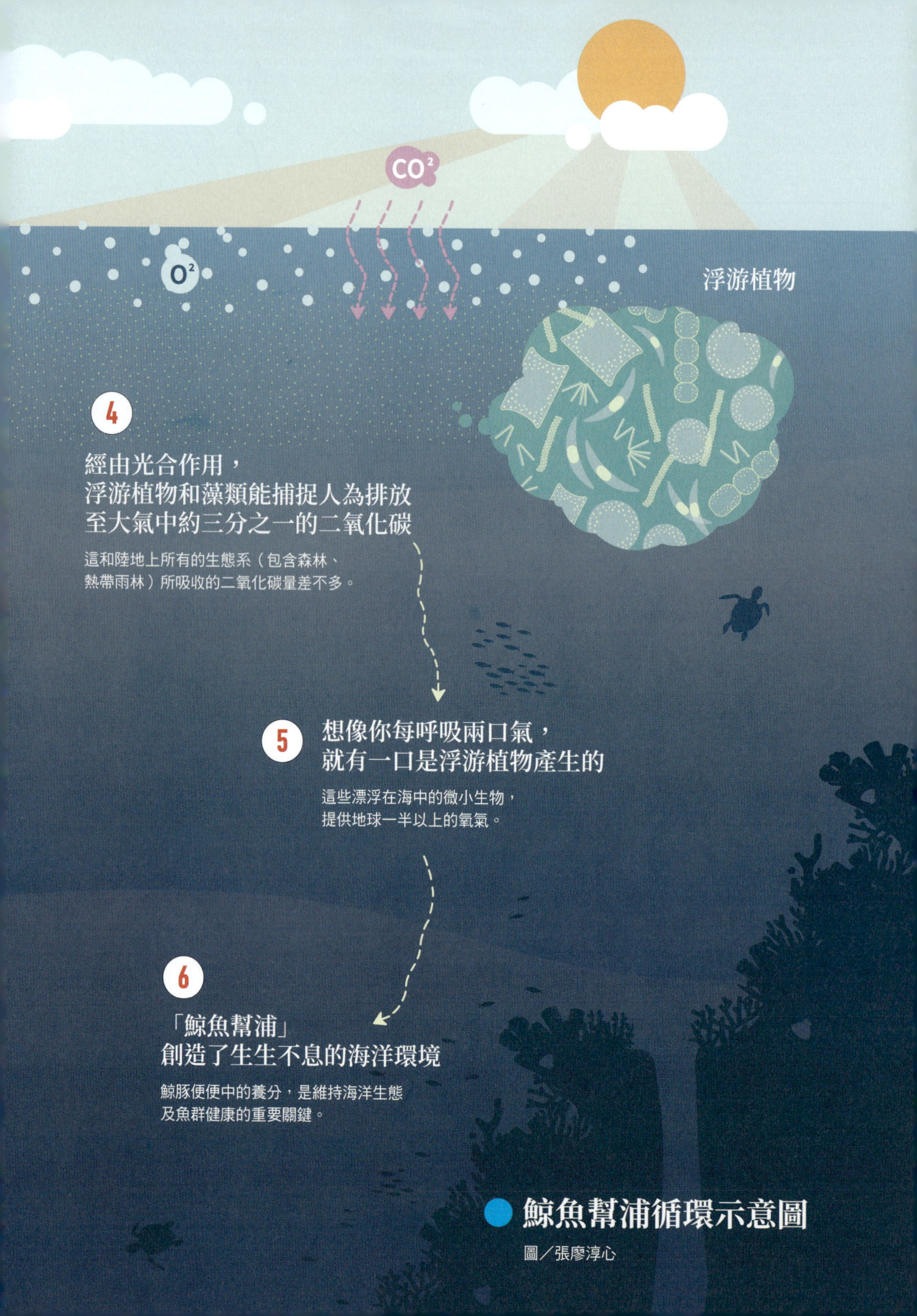
CO_2
O_2
浮游植物
4
經由光合作用，
浮游植物和藻類能捕捉人為排放
至大氣中約三分之一的二氧化碳
這和陸地上所有的生態系（包含森林、
熱帶雨林）所吸收的二氧化碳量差不多。
5
想像你每呼吸兩口氣，
就有一口是浮游植物產生的
這些漂浮在海中的微小生物，
提供地球一半以上的氧氣。
6
「鯨魚幫浦」
創造了生生不息的海洋環境
鯨豚便便中的養分，是維持海洋生態
及魚群健康的重要關鍵。

鯨魚幫浦循環示意圖

圖／張廖淳心

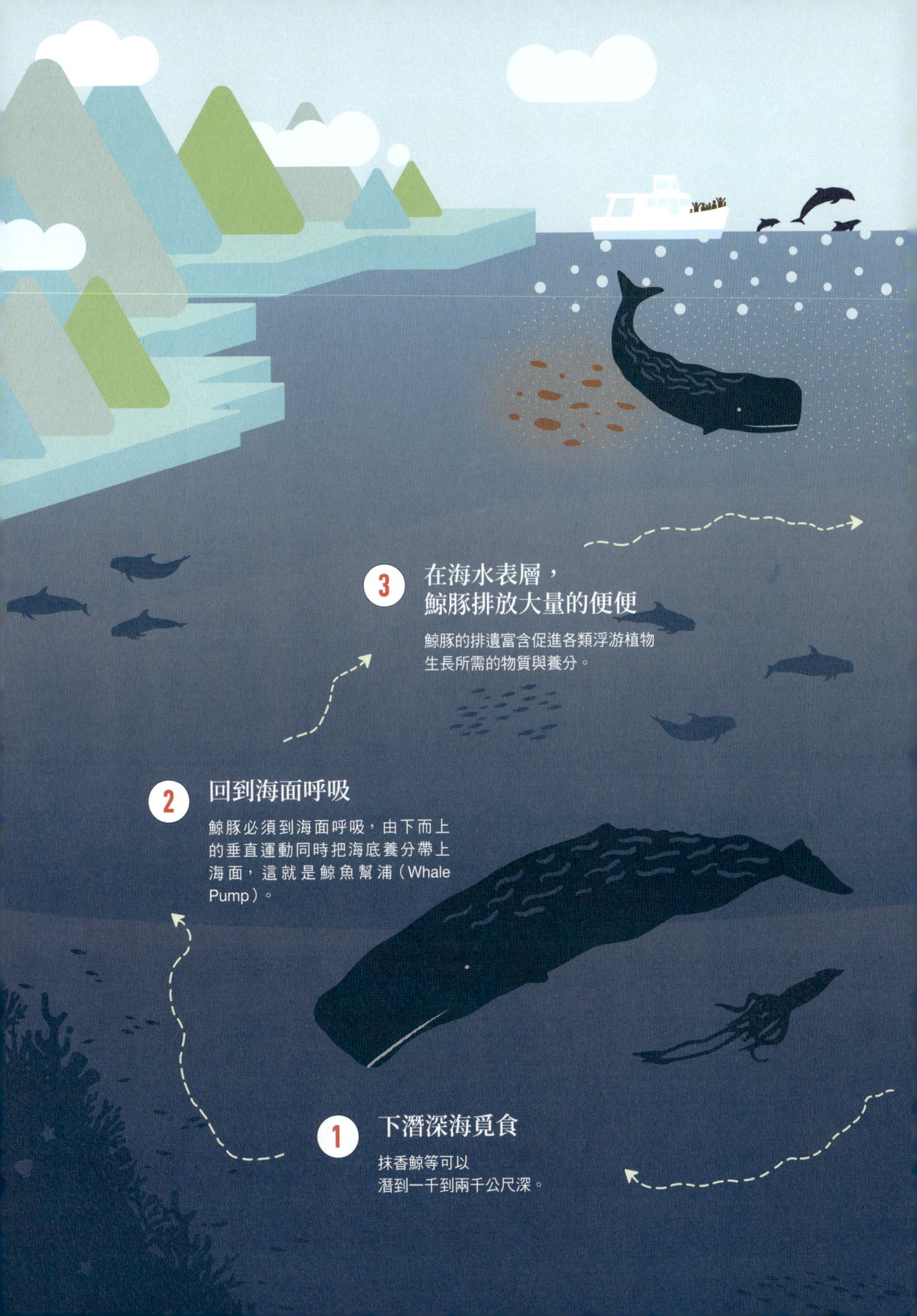
3
在海水表層，
鯨豚排放大量的便便
鯨豚的排遺富含促進各類浮游植物
生長所需的物質與養分。
2
回到海面呼吸
鯨豚必須到海面呼吸，由下而上
的垂直運動同時把海底養分帶上
海面，這就是鯨魚幫浦（Whale
Pump）。
1
下潛深海覓食
抹香鯨等可以
潛到一千到兩千公尺深。

自然提供給人類的服務所做的「生態服務價值」估算，若乘以全球大型鯨魚的數量，會是個驚人的數字。

抹香鯨對人的價值不斷更新，從過往的一一獵捕直接利用個體，到現在以地球養分循環巨觀的角度賦予新的價值，抹香鯨在人間的角色因為人的海事科技發展，以及生活需求而改變，然而更重要的是人的選擇，今後選擇如何對待抹香鯨？人想要與鯨維持什麼樣的關係？我們是否也能為鯨魚的生態系帶來安全和穩定的服務價值？

近年從擱淺鯨豚身上發現越來越多人為活動的影響。根據海洋保育署分析二〇二二年臺灣沿海一百三十八隻擱淺鯨豚中，因疾病擱淺者有百分之十六，但是疑似漁業混獲者達百分之十七、遭船隻撞擊有百分之五，百分之六十二的屍體太腐敗無法確認擱淺原因。長期影響鯨豚的人類活動還有海洋環境汙染，包括廢棄物和水下噪音，這些環境惡化的負面影響不只在鯨豚與海洋生物身上，在生物鏈的效應之下更已經回到人類身上，當我們看見市場裡野生的魚類越來越小、越少、越貴，魚肚裡有塑膠粒，都是海洋環境的警訊。

一隻大型鯨能創造保守估計超過兩百萬美元的生態服務價值，圖為大翅鯨。

當走在臺十一線花東海岸公路時，無論日夜晴雨、海況是否良好，我們知道海裡一定有來去的鯨豚，雖然不能立刻看見，但知道牠們存在，在看不到去不到的地方。海的深處有抹香鯨追著牠愛吃的烏賊，然後回到海的淺處直立或倒立著睡覺，抹香鯨家族說著我們聽不懂的話，但這從來沒有阻礙人類與抹香鯨、陸地與海洋的聰明掠食者，互相觀察與猜測對方的意象。每次經過東海岸、眺望著太平洋，心裡還是有小小的希望，從今以後鯨與我們都可以在這片海生長茁壯，和諧的共處。

他抱著相機躍入海中，定格人鯨相遇的動人瞬間；他二十四小時on-call全年無休，只為讓擱淺鯨豚有再一次回到大海的機會；她與他解剖採樣、製作標本，研究與拼湊鯨豚留下的線索……這些與鯨豚為伍的人們，透過紀錄、救援、研究、典藏等方式，希望人類對鯨豚有更多的理解與認識。

part 4

守護鯨豚的人

紀錄、救援與研究

文／莊慕華

圖片提供／林俊聰

在科學與理性之前，定格動人一瞬

金磊

水下攝影師

Profile—從大學時期開始接觸攝影，因為喜愛海洋，來到東海岸的花蓮邂逅鯨豚，為之著迷，自此投身環境教育領域，並深入海洋生態資源調查工作。超過二十年的海洋生態攝影經歷，從水面上的影像，到近年來探訪世界各地的水下畫面，期望能夠透過所拍攝的作品，讓更多朋友認識環繞在我們周圍的藍色大洋。

抵達多明尼克的前幾日，生態攝影師金磊就被連續出現的大景震撼住了。不只拍攝到抹香鯨直立休息的難得片刻，也捕捉到嘴巴咬著魷魚的獵食瞬間。「我們碰到整個抹香鯨家族互動的狀態！」即使拍攝鯨豚多年，金磊仍忍不住激動的心情。

「真要形容抹香鯨，其實就是一根棒子。」金磊描述的正是抹香鯨不怎麼討喜的單調外型，相較於虎鯨黑白分明、大翅鯨擁有一副在水中飛舞的胸鰭，抹香鯨巨大如棒球棍的身軀，對生態攝影師來說特別有挑戰性。

不過，這趟多明尼克之行，抹香鯨的登場卻近乎完美。不只頻頻展現豐富的動物行為，連周遭水下狀態都華麗無比，「我怎麼會知道那天光束可以美成這個樣子？」金磊拍到一隻抹香鯨因為接近海面，在浪花折射下，粼粼波光猶如蕾絲滿布全身。「對我來說，做這些工作的狀態比較像是用當下有的設備、可掌握的方式跟技術，把眼前所見揉合出想要呈現的樣子。」

這正是水下生態攝影的迷人之處，金磊的影像雖然來自人的眼睛，卻將「能看見什麼」交給自然決定，「是你的就會發生，所有的

攝／陳玟樺 Zola Chen

多明尼克水下拍攝抹香鯨。（攝／金磊）

條件都會出現，但不對的時候就是不對。對於大海，你一點辦法都沒有。」

當然，也不是沒有「一點」辦法。金磊坦承這些年從自己跳入海中土法煉鋼拍攝鯨豚起始，到後來遠赴各國觀摩，反覆學習的就是判斷與等待：判斷鯨豚下一秒往哪裡游動、判斷哪一側順光逆光，以及無止盡的等待。「先往前游一段停下來看牠的反應，等牠穩定了再游一段停下來觀察牠是否穩定，慢慢把距離拉近，而不是一路衝過去。」

與鯨豚共舞，節奏和尺度都不能以渺小人類之心量測。而這些智慧，十二年前的他並不瞭解。

「二〇一二年那時候的影像，真的太遠又太糊。」在花蓮外海，金磊第一次躍入水中拍攝抹香鯨，當時既模糊又狼狽、絕對端不上檯面的作品，卻是一個開端。會想要拍攝抹香鯨，是因為牠是臺灣較常見的大型鯨種。金磊在花蓮當兵期間，利用假日擔任黑潮海洋文教基金會的解說員，日積月累在海上遇見鯨豚，讓他萌生拍攝的想法。

「影像是相對容易讓大眾親近與接觸的管道。」

金磊在南美洲瓦爾德斯半島拍攝南方露脊鯨。（攝／IBS）

畢業於師大生命科學研究所的金磊，一路在學術環境中養成，卻又不被限制在學術框架裡，當他發現自己有機會透過影像將知識和概念傳播出去時特別欣喜。

「像我和大家去御藏島也好，去東加也好，都會趁機把當地或動物的訊息傳遞出去。」金磊口中的「訊息」，其實就是環境本身的狀態和人類身處其中的責任。他提到二〇二四年帶人前往日本御藏島拍攝時，看見印太瓶鼻海豚寶寶的胸鰭根部被魚線纏繞，就知道這個個體恐怕無法長大。如果要讓更多人領略這些人類造成的環境問題，不一定要用說教的方式，更多時候可以透過不同媒介帶來感動或思考，也許便有機會打開原本狹隘的視野。

「我覺得問題要分階段來討論，首先在希望對動物好的這個想法先有共識，再來討論下面的細節。」不管生活中或工作上，金磊常會遇見將鯨豚視為獵奇對象的人們，但他面對這樣的態度並不會責怪，而是寄予期待，期待更多人能跨出第一步去認識，無論是藉由影像或是其他管道。

「當然學理有學理的價值，會讓我們認識到鯨豚

二〇一四年花蓮外海拍攝花小香。（攝／金磊）

的基本生活。但是後來我也理解到，故事跟情感，才是真的讓環境和大眾連結起來的東西。」

當兵的日子，本來滿是科學腦的金磊遇上黑潮夥伴，看見不同背景的人面對鯨豚時，綻放出不同想法和作法。這些海中生物對他來說，不再只是多高多長多重，而是可以帶有情感的觀察與抒發。之後金磊選擇了水下攝影這條路，每一張感性影像都必須藉由理性的理解才能貼近捕捉，總是說自己情感發酵緩慢的他，終於找到了最合適的傳遞速度。

「其實現在回想起來，或者等到自己走了一段時間之後，才發覺即使是那些教授，口口聲聲跟你講做科學研究要理性。但他們為什麼會在這個行業裡面待了十幾年不離開？」「一定是因為環境裡有什麼是他喜歡的，不僅只是那些學理的東西。」

多明尼克是近距離拍攝抹香鯨的絕佳地點。（攝／金磊）

生死有命，擱淺救援的接力賽

王浩文

成大海洋生物及鯨豚研究中心主任

Profile—自認半路出家，但在讀成功大學生物學系的時候就參與過鯨豚解剖工作，赴德國取得博士學位後回到成大生命科學系任教，二〇一六年接任成大海洋生物及鯨豚研究中心主任，期許從公民教育及政府制度切入，解決人力和基礎研究貧乏的問題，逐步完善海洋環境與鯨豚保育體系。

「如果集體擱淺，一定有個主要原因，問題是我們很難在第一時間知道。」擱淺救援的行動選擇，其實也包括「不冒然行事」。擔任成功大學海洋生物及鯨豚研究中心主任的成大生命科學系教授王浩文指出，國際對鯨豚救援的討論談到，在野生動物權益的前提下，有些情況經多方評估後會建議安樂死為必要選項。這些想法看來過於理性，甚至有點殘酷，但是「應該就地安樂死，為什麼讓牠多 suffer 好幾天？」

「如果我在蘭嶼，你覺得我該把牠拉回來臺灣嗎？」

那是二〇二〇年，一隻初生的抹香鯨寶寶被目擊者回報躺在蘭嶼漁人部落外海的礁岩上，剛發現時還會噴氣（呼吸），但身上已經多處受傷。「拉回來就是安樂死啊！」「因為牠是新生寶寶，要喝奶，而且鯨豚奶是很濃的超高蛋白奶，即使救回來我們也沒辦法養牠一輩子。」王浩文指出，救援與否除了從鯨豚本身的狀況評估，也會受到環境、天候或海況的影響，有時想救也無能為力。

二〇一六年接任成大海洋生物及鯨豚研究中心主任以來，王浩文生活中無時無刻不是接獲擱淺通報，便是調度救援資源。然而「救援」二字既複

攝／林韋言

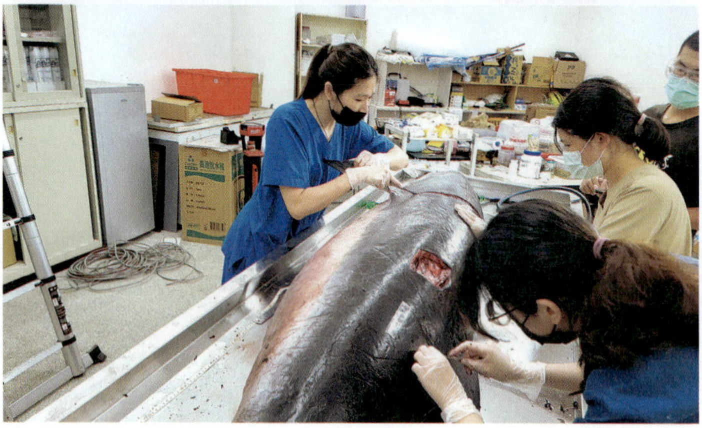

上：二〇二〇年小虎鯨野放。下：透過解剖分析小抹香鯨死因。（圖片提供／王浩文）

雜且沉重，因為這其實是人類本位思考的行動。「我們人類都自以為是啊！」對鯨豚來說，即使排除了人類活動的干擾因素，還是有一定比例的鯨豚會擱淺或死亡。「我再次強調牠不是寵物，是野生動物，牠有牠的destiny（命運）。」王浩文知道一般群眾極少能用客觀的態度理解動物。很多時候人們關注鯨豚，就是因為將自身情感投射到這些動物身上。

願意共情周遭環境，是人類與自然和諧相處的關鍵態度；然而缺乏理性的共情，有時會帶來無法扭轉的悲劇。「前幾天那隻是某些熱心民眾把牠一直推回去，所以嗆水嗆得很誇張，肺裡面全部是水，整個氣管都是淡粉色的血泡。」王浩文提到鯨豚中心日前接收的一隻侏儒抹香鯨，民眾發現牠時想要「協助」，卻不知道這隻侏儒抹香鯨當時已經無力自主，在被推入大海的過程中噴氣孔不斷進水，最終導致嗆傷死亡。

如此古道熱腸反而幫倒忙發生過不只一次，因此王浩文在遇到民眾並能好好溝通時，都會從鯨豚的生理狀態開始說明。他急切希望能讓社會大眾理解，擱淺的現場狀況千百種，鯨豚行為異常

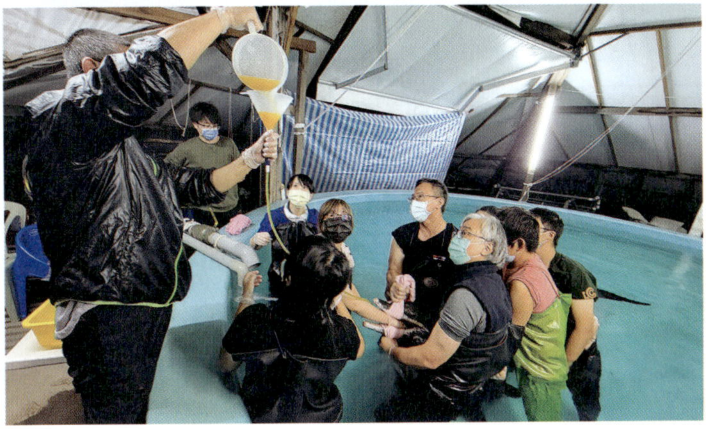

上：為小抹香鯨做超音波檢查。下：志工合力灌食糙齒海豚。（圖片提供／王浩文）

的原因更紛繁。救援決策不能只是感性上的起心動念，而是在瞭解實際狀況後，思考如何運用有限的資源，若決定救援但個體不幸死亡，也希望透過解剖分析找出致死的主因，並檢討如何從中學習及累積經驗。

不分晴雨春夏，王浩文時常與志工衝到第一線救援，好消息是人類微薄的力量有時的確派得上用場，「有一種狀況是鯨豚身體很好，只是暫時不舒服或被掠食者追逐太久，在那邊停著自己休養恢復，是一個生命在尋找出路的方式。」王浩文談到有些中小型鯨豚會去找水深大約兩、三公尺的近岸休息幾天，只要牠的營養足夠，休息後很快就可以回到海裡。

鯨豚在休息自癒的過程中，有時會意外擱淺，「譬如在一個水很淺的地方休息，然後又遇到大退潮……」像是臺灣中西部海域就有著平緩近岸及巨大潮差的特性，「牠一緊張，在不對的時間換氣，浪過來就嗆水了。」王浩文提到像是這種擱淺發生時，人類能夠做的，就是從過去經驗理解與覺察，如何依循動物原本的行為路徑，為牠們創造再一次脫困的機會。

二〇二三年臺東抹香鯨年輕個體解剖。（圖片提供／王浩文）

然而巨大的抹香鯨作為大洋性鯨豚，通常不會游到近岸，所以出現時很可能已經有特殊狀況。在王浩文的救援經驗中，發現活體抹香鯨只有三、四次，很可惜結果大多回天乏術。

王浩文最初因對動植物、細菌等生物相關領域都抱持高度熱忱而選讀生物系，因緣際會走上鯨豚救援之路，「半路出家的唯一好處就是包袱不大。」他不侷限於既有傳統框架，反而以未來想創造的視野展開行動。「我覺得我的角色，就是很謙卑地希望透過這些擱淺個體，把所有證據湊起來，進而找出牠們擱淺的原因，」與其在網路上重複放送讓人揪心的動物受苦影像刷流量，王浩文更在意系統與制度如何改善，「然後再把這些研究回饋給社會，甚至影響國家政策該怎麼修正。」

改變來自行動，行動來自理解。在人類自以為是的世界裡，王浩文相信科學家可以更入世，他知道臺灣鯨豚與海洋生態的保育政策與體系，不可能在自己任內就能改變。「我希望把system建立完整，這個很重要，是人才培育的概念，讓更多有志之士加入這個行列，以後誰接手都可以做下去。」

上：幫助去除殘肉留下骨骼的晒骨機。中、下：修復老化受損的骨骼標本。

解剖與研究，累積鯨豚資料庫

姚秋如

國立自然科學博物館副研究員

Profile—老家在澎湖，因而對海洋有著特殊的情感，從博班開始投入鯨豚研究，無論救援、解剖、樣本蒐集與分析都有豐富的實務經驗。雖然是國立自然科學博物館生物學組副研究員，實際上為了蒐集鯨豚標本跑遍國內外，二〇〇七年至今往返馬祖無數次，研究出沒於臺灣西部海域、神祕又極度害羞的露脊鼠海豚。

在海上或許能觀察到抹香鯨舉尾、浮窺等行為，但那只占牠們生活很小的一部分，人類也無法長時間潛入海底觀察牠們，因此將擱淺動物做成標本典藏，或是採集樣本做科學研究，也能瞭解更多鯨豚的生態知識。

「我可以進到牠的胸腔裡面工作，那種感覺很不可思議。」身高一米六的國立自然科學博物館生物學組副研究員姚秋如，曾在解剖時鑽入抹香鯨的體內。不只尺度巨大令人印象深刻，姚秋如也直言抹香鯨的味道「很特別」。

「You are what you eat!」她說抹香鯨的氣味濃厚，可能因為牠們的主食是含氮量特別高的深水性頭足類，她曾經見過抹香鯨活體，也是這樣的味道，「還沒有看到本尊之前那個味道就飄散過來，是很新鮮的牧場味道。」

從事鯨豚研究多年，姚秋如只看過活的抹香鯨兩次，最常遇見的方式其實是解剖與樣本。「因為從事研究工作，手上慢慢會累積一些抹香鯨的肌肉，我用這些肌肉去做DNA的定序。」

小小的樣本與標本，沒有像大海裡的抹香鯨如此迷人，卻能夠引領

攝／黃毛

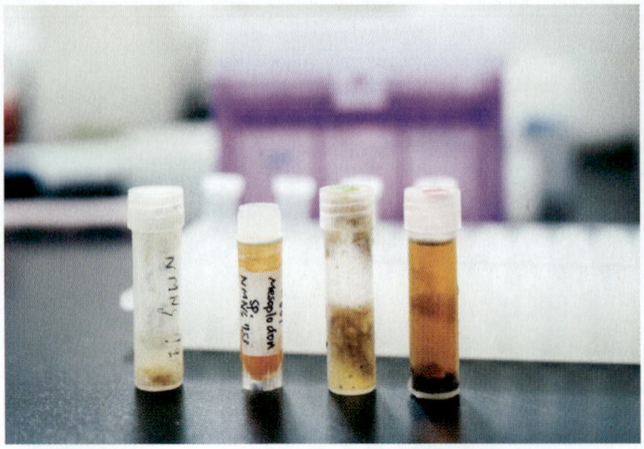

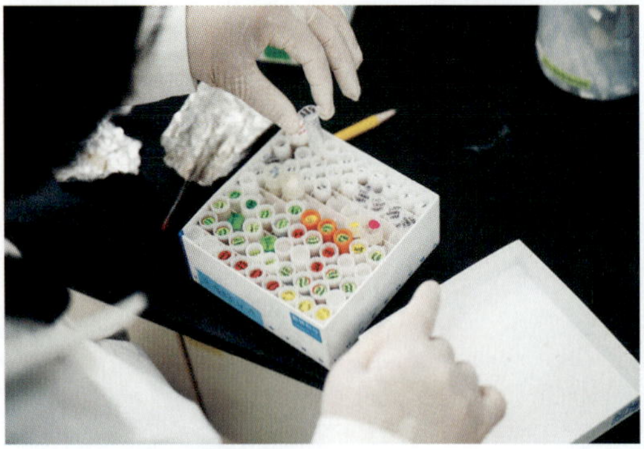

右上：分離糞水取得的環境DNA有助於瞭解鯨豚的食性及環境的生物特徵。
右下：布氏鯨的舌骨。左上、左下：以肌肉樣本做鯨豚DNA定序。

姚秋如及一般大眾進入不一樣的抹香鯨世界。

「像是從雌性生殖腺的樣本，可以推測出特定鯨豚每隔幾年生一胎、一輩子可能會生幾隻小朋友。瞭解到牠們的生子策略後，就可以知道牠們在海底是怎麼生活的。」「或是透過胃袋裡的內含物，就可以瞭解牠們的食性，進而推測牠們喜歡棲息在什麼樣的環境。」

儘管時常解剖鯨豚屍體，或是埋首實驗室處理數據，姚秋如仍然心繫那些可愛的身影。「如果抽離目前的身分，到海上當一個單純遊客的話，我看到動物還是會變感動，這感動是在那個當下，知道牠們在海上活得很開心。」

不過這些感受她大多時候放在心中，因為學者必須將資料真實客觀地呈現出來，才能作為決策參考，「我知道我主要還是要客觀清理一些來龍去脈，好做出保育上的建議。」對於群眾有時過度投射或寵物化鯨豚們的態度，她相信只要有正確引導，還是一件好事。「這些對自然或是動物的愛很難能可貴，只是怎麼樣去培育這些人，讓他們對情感有比較理性的認知。」鯨豚可愛，尤其抹香鯨又巨大獨特地引人注目，但是如果人類

上：將核酸萃取試劑加入肌肉樣本。下：露脊鼠海豚的公母生殖腺對照。

上：科博館標本室典藏的鯨豚骨骼標本。下：中臺灣海洋保育教育中心的鯨豚展區。

抹香鯨的牙齒、掌骨與指骨。

對野生動物的愛缺乏理性，實質行動上就有可能會傷害生態。「我常舉的例子就是放生。放生超有感情，但放生其實就是放死，或是對生態帶來不好的影響。」

如何拿捏人與野生動物之間的距離，專業學者扮演的角色，就是讓社會更瞭解動物一些。「解惑也是一個人跟生物之間需要的連結。」姚秋如認為動物的身體就是我們的老師，從不同角度理解，就能慢慢建構出來對牠們的完整認識。

科博館籌備多時的「中臺灣海洋保育教育中心」終於在二〇二四年九月開幕，她期待藉由這個新空間，讓人們認識自己在環境中所扮演的角色，同時也要認識這個環境是人類跟其他海洋生物共同生活的生態系統。「怎麼樣讓我們的鄰居可以過得很好，我們自己才會過得很好。」

目前姚秋如與黑潮海洋文教基金會的海洋綠洲計畫合作，藉由撈集抹香鯨的糞水做環境ＤＮＡ的分析。「一切都剛開始，臺灣對抹香鯨的研究才正要起步而已。」

先有發現，才能想像

林俊聰

國立臺灣博物館典藏管理組副研究員

Profile—主要研究爬蟲類，但因在臺灣博物館工作的關係，接觸了各類從日治時代到現在的動物典藏，其中種類、數量最少的是鯨豚，剛好一九九六年「中華鯨豚擱淺處理組織網」(TCSN）成立，於是透過組織網開始蒐集鯨豚標本，期待豐富的館藏能為臺灣的研究提供能量。

一組巨大的抹香鯨骨骼漂浮在空中，像在飛也像在悠游。走進國立臺灣博物館土銀展示館內，從一樓就可以仰望這隻抹香鯨標本的全貌。走上二樓來到牠身邊，凝視一節一節脊椎，觀察大大的上顎，這隻曾在海裡的抹香鯨是如何來到博物館上空？

「這隻是在宜蘭擱淺的，擱淺之後被埋在當地。」國立臺灣博物館典藏管理組的林俊聰副研究員，對於館內標本如數家珍，談到抹香鯨如何入館，歷經多少波折，非常精彩。「其實原本還有另外一隻。」早在十多年前，臺博館就計畫展出大型自然史生物，當時評估決定典藏一隻因擱淺埋在臺南北門沙洲的抹香鯨，館方期待出土製成標本後，可以藉由牠的宏偉與獨特，引領訪客凝視臺灣的生命史詩。

不過，就在二〇〇八年臺博館啟動多方合作挖掘遺骸不久，地方上出現反彈的聲音：「那隻鯨魚哪裡不去，就來到我們這邊，死掉的時候頭又對著我們的大廟，應該是要來朝廟的。」地方組織代表紛紛爭取將標本留在自己的鄰里內，臺博館苦思保存文化資產與公共化並行的方案，最終在抹香鯨標本完成後，

攝／汪正翔

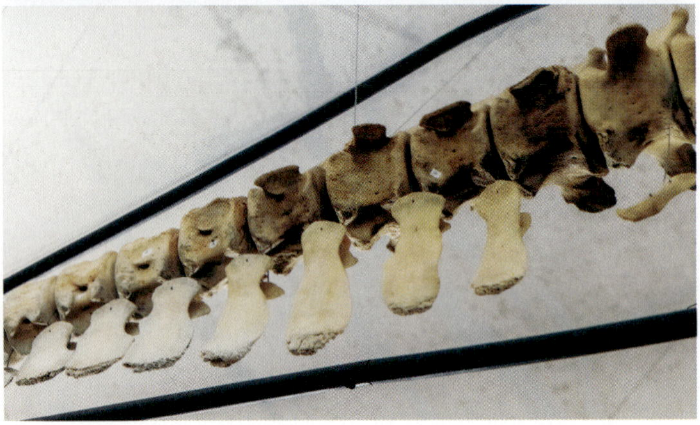

上：一九八四年林俊聰與來自澎湖的布氏鯨標本合影。（圖片提供／林俊聰）
下：一般動物標本若有斷裂或缺漏，基本上會維持原樣不特別修復。

帶回臺北館內展出三個月，就返還地方留置於臺南北門遊客中心，由雲嘉南濱海國家風景區管理處照顧至今。

二〇一四年五月，一隻抹香鯨在宜蘭內埤海灘擱淺死亡，臺博館再次起意，向宜蘭縣府提案希望保存珍貴的骨骼標本，就是目前在土銀展示館半空的抹香鯨。「大，就會引起注意。」林俊聰相信標本的存在讓知識更有魅力，畢竟口語陳述不容易有概念，也無法形成強烈印象。但標本帶來的視覺衝擊，為知識吸收打開一道無形的門。

「博物館的功能，就是提供大家各方面的知識。」先有發現，才能想像。選擇典藏巨大的鯨豚骨骸，就是期待人們被陌生的事物吸引。「現代人最大的問題是對於環境的漠視。」博物館作為教育的一環，知道好奇與新知能讓人們脫離自我中心的侷限。因此當民眾走入館舍，盯著巨大抹香鯨露出驚訝表情時，這種漠視才有可能開始改變。

二〇一五年起，臺博館製作抹香鯨徽章、提袋等相關商品，也舉辦各種類型的推廣活動，讓人們進一步認識鯨豚的生命與死亡。在漫長的展示

抹香鯨標本修復前後比對，除了重建下頜，也加上黑色鋼管便於想像外觀。（下圖提供／林俊聰）

上：林俊聰解說鯨豚頸椎骨構造。下：鯨豚標本飄浮在空中，彷彿展場即鯨豚之海。

透過剖面模型讓大眾理解鯨豚的內部結構。

過程，有眼尖民眾發現，「怎麼沒看到牠的牙齒？牠不是全世界最大的有牙齒動物嗎？」原來當初從宜蘭挖回的抹香鯨並不完整，製作團隊也曾努力針對損傷部位進行修復，但礙於各種限制，直到二〇二二年土銀展示館重新整修，以及嶄新的古生物大展登場前，林俊聰與團隊們才有機會將這隻抹香鯨的狀態調整一番。

「這次大整修後我們把下巴補回去，還加了一個鋼管做框，因為除了骨頭之外，要讓民眾知道真正抹香鯨的大小。」抹香鯨獨特的頭部形狀，僅藉由骨骼展示並無法完整呈現。雖然在那之前，館方曾經使用AR讓民眾看見虛擬的抹香鯨樣態，但林俊聰知道一般人會認出抹香鯨，主要是辨識出那顆大大方方的頭型，「想了很多種方式，材質也要顧慮。」最終是以黑色鋼管在標本旁圈出實際量體的樣貌。

不過，呈現頭型顯然不是最難的，重建出土當時遺失的抹香鯨下頷和牙齒才是真正挑戰。「我們為了這題看了很多隻抹香鯨。」臺南北門遊客中心、四草大眾廟……林俊聰及負責修復的「化石先生」團隊行腳全臺灣去看各個現存的抹香鯨標本，拍照、3D掃描再加上參考國外其他抹香鯨的骨骼掃描檔，最後按照土銀展示館內這隻的尺寸，依比例做出下頷模型。

「透過標本為大家建構基本的情境跟概念，才有機會發展深化的可能。」林俊聰期待民眾在博物館獲得知識後，能在自身生活中增加運用可能，也才有進階瞭解的機會。

每一隻都很可愛

王建平

成大生命科學系退休暨兼任教授

Profile—原本研究淡水濕地生態，卻意外與鯨豚結下不解之緣。二〇〇〇年自主成立「台江鯨豚救援小組」，展開活體鯨豚救援行動，而後陸續催生設立四草鯨豚搶救站，以及位於成大安南校區的成大海洋生物及鯨豚研究中心，多年來奔走臺灣各地，救援、解剖鯨豚無數。即使二〇一六年已經退休交棒，仍馬不停蹄地進行鯨骨翻模與標本修復工作。

從解剖到研究、研究到救援，王建平的鯨豚之路始於資源有限、保育概念缺乏的三十年前，而且原因一點也不浪漫。「一開始就是去處理擱淺的鯨豚，而且是被動的。」有天一位在公部門工作的學生來電，詢問王建平是否願意協助解剖一隻擱淺的鯨豚。「那時候我很好奇，鯨豚的祖先是陸地上的，跑到海裡後四條腿不見了，牠們的神經血管有什麼變化？」對胚胎學略有鑽研的王建平，開始投入擱淺鯨豚的處理與解剖，藉此探討動物的型態演化。

從國立成功大學生命科學系退休，過去曾為成大海洋生物及鯨豚研究中心主任的王建平教授，一直被譽為臺灣鯨豚守護者。三十年人生投注在鯨豚研究與救援上，用生物學家的腦與手，也用赤子之心看待一切。

「抹香鯨是我處理的鯨豚裡面，花比較多力氣的。」「像是處理爆炸那一隻，處理了大概一年。」王建平口中爆炸的那一隻，就是二〇〇四年在臺南街頭自體爆裂的雄性抹香鯨，「目前處理過的抹香鯨裡面，牠應該是最大的。」當年血肉橫飛的現場曾上新聞，王建平除了張羅安排帶離抹香鯨屍體、請清潔隊支援清理外，也必須

攝／林韋言

上：二〇一五年搶救大寶王建平也參與其中。（圖片提供／王建平）
下：使用工具將模型削磨平整。

跟記者媒體說明鯨豚的狀況與後續程序。

「有人就是追著這隻抹香鯨，從雲林到臺南來。」如同自己是因為好奇心投入鯨豚領域，王建平知道人們對抹香鯨必然充滿好奇。「一般大眾可能叫不出不同海豚的名字，但我相信大部分都叫得出抹香鯨。因為它體型大，而且造型比較特殊，頭大大一個。」

解剖過程有許多群眾圍觀，也曾有幼稚園整班被老師帶來。「我們知道的，就要跟人家說明。」雖然是以救援與研究為主要工作，王建平仍直指核心地表達公民教育的重要性，「醫療是很花錢的，如果要在這裡（搶救）再花個幾百萬幾千萬，不如透過教育讓更多人願意為海洋生態與環境盡一份力。」

以救援為主要目標的成大鯨豚研究中心，從成立以來依賴大量志工協助。王建平說，當志工接近鯨豚、瞭解鯨豚，才會對自身以外的事物環境有感。「要不然每天看影片不痛不癢的，不會有感覺。」他用病患與照顧者比喻，救援中心的存在不只為了鯨豚，也是為這些對動物伸出援手、長時間關心與陪伴的志工們。

被各種鯨豚模型圍繞的工作室。

鯨豚模型比原始的骨骼更輕，也能保存更久。

王建平將大寶骨骼翻模，懸掛在工作室上方。

「早期很簡陋，搶救池防護池就是拼裝車。」水質不好控制、衛生系統不佳、救援經驗也不夠，最初十年都沒有成功案例。不斷救援、不斷有動物死亡，有時讓志工很難消化，「也有志工難以諒解，前幾分鐘還在救牠，後幾分鐘你就拿刀子了。」

王建平是臺灣解剖抹香鯨數量最多的學者，也藉此累積許多遺傳、成長、生活史的資料。「抹香鯨很大，所以每次擱淺大家都會注意到。我們沒有辦法到海裡面看牠們，所以必須有個展示館，才能把資料呈現。」他細數著哪一年解剖的哪隻個體，現在呈現在臺灣的哪一處館舍中。然而抹香鯨是大洋性生物，即使在臺灣各地都有擱淺案例，仍難以代表牠們的全貌。

守護鯨豚這條路，臺灣已經走了三十年，但基礎科學調查和海洋保育資源仍然有限。王建平雖然退休，但談到最愛的鯨豚依然神采飛揚。他願意談自己的感受，就像細數鯨豚們的樣態一樣，對於救援失敗的挫折也不吝表達。「有些鯨豚解剖後發現肚子裡面好多魚鉤，應該很痛苦。有些已經敗血了，甚至自己憋氣自殺。」這些都牽動著救援者的心情。

「有些鯨豚比較少接觸，也有的常常接觸，看到牠的吃相或是某個行為，鑽泳圈、翻身，或是要我幫牠刷背，都會覺得很可愛。」王建平接觸過的鯨豚多達二百五十餘隻、種類二十多種，他說，沒有一刻對這些海洋生物感到麻木過。

「再怎麼可愛，我們也知道救活了，就要讓牠回大海。再怎麼感動，也是要讓牠回大海。」王建平不厭其煩這樣說。

黑潮抹香鯨個體資料範例

KU_PM008 花小清

重複目擊時間

- 2003.07
- 2003.08
- 2010.06
- 2013.08
- 2020.08
- 2021.08
- 2022.07
- 2023.08
- 2023.09

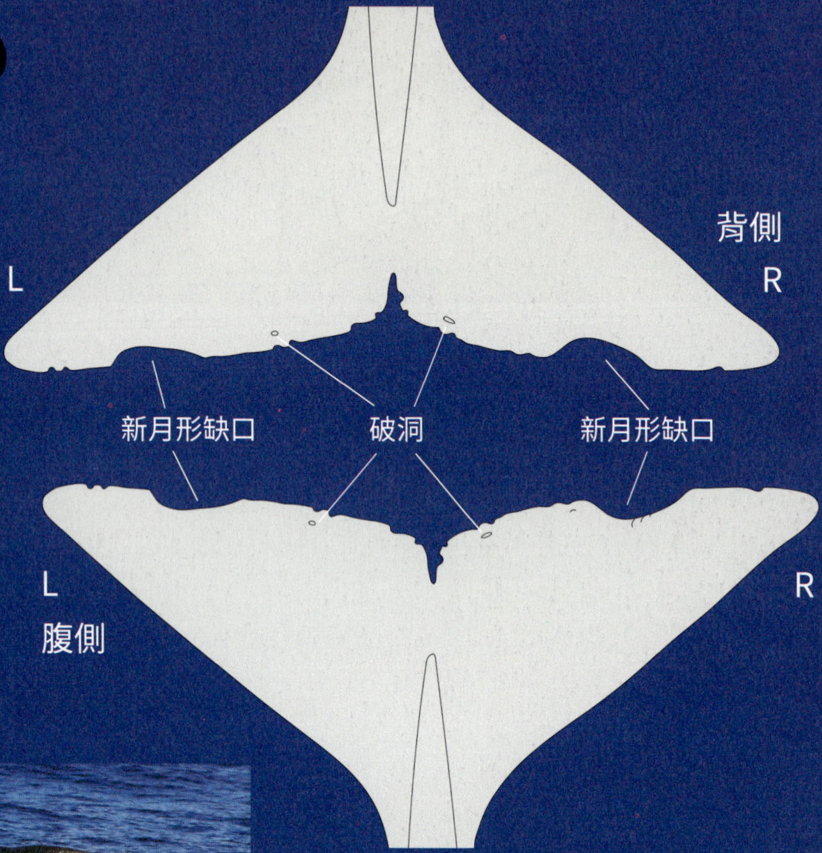

尾鰭特徵

其他辨識線索

背鰭上有兩個小缺口。

目擊位置

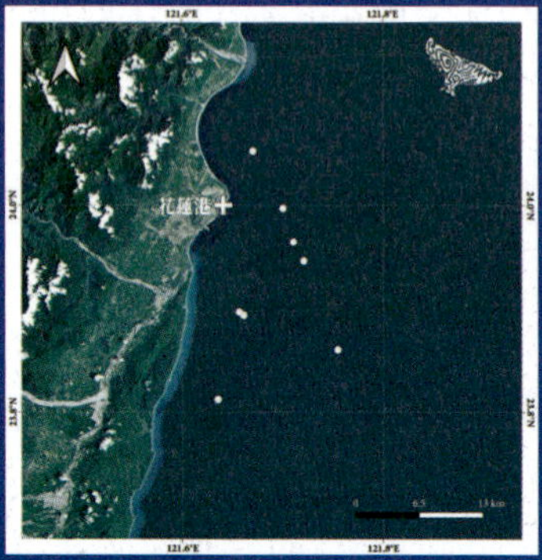

part 5

乘著黑潮一起追風

東部海域抹香鯨圖鑑

每一次與抹香鯨相遇，黑潮夥伴都會拍下牠們的尾鰭照片，並仔細記錄目擊位置與行為模式等資訊，為了日後有機會透過 Photo-ID 辨識個體，進而追蹤牠們社群關係。自從建置抹香鯨資料庫以來，黑潮已經辨識出九十七隻抹香鯨個體，更有三十七隻抹香鯨見過不只一次！這些乍看一模一樣，其實每隻都獨一無二的尾鰭，不禁讓人期待，下次遇見的是老朋友還是新朋友呢？

Photo-ID 是一個積沙成塔的過程

文／胡潔曦

黑潮海洋文教基金會自二〇二一年起開始建製抹香鯨資料庫，希望可以盤點東部海域曾經拍攝過的抹香鯨；，期盼未來能將 Photo-ID 成果與國際串聯，或許能夠以更大範圍的資料分析，瞭解抹香鯨的遷徙模式。

早期抹香鯨資料庫僅有花蓮港周邊的影像，在整理影像時意識到，若要更完整盤點東部海域的抹香鯨個體，需要納入更多來源的照片與影片。因此在建置抹香鯨資料庫的隔年，黑潮開始對解說員以及熱心民眾發出照片蒐集的邀請，並蒐集到數千張包含花蓮石梯港、臺東成功港（新港漁港）與宜蘭海域的影像，年份最早可追溯至一九九九年，能看見抹香鯨更久遠前的足跡。

近二十年，相機的技術進步快速，黑潮的抹香鯨資料庫蒐集來的影像，除了單眼相機的照片，也包含早期數位攝影機錄影的截圖以及底片的影像，因此大幅增加了辨識的挑戰性。經過多年篩選照片、裁切、辨識、建檔與分析後，目前黑潮已識別出九十七隻抹香鯨個體，並發現多隻在花蓮海域出現五年、十年以上的抹香鯨，追蹤最久的 KU_PM008（花小清）甚至長達二十年。

每一次的際遇，都是我們解開抹香鯨複雜族群生態的線索。識別出九十七隻個體只是個起始，未來黑潮將會持續累積辨識資料，期望能進一步解析臺灣東部海域抹香鯨的社會結構、族群量等資訊。我們也鼓勵讀者，若記得曾在海上拍攝到抹香鯨尾鰭，希望你也能翻一翻儲存照片的硬碟，如果願意將照片與目擊資料提供給黑潮，將會對未來抹香鯨 Photo-ID 有很大幫助！

● KU_PM007

● KU_PM004

● KU_PM001

● KU_PM008（花小清）

● KU_PM005（female）

● KU_PM002

● KU_PM009（female）

● KU_PM006

● KU_PM003

東部海域抹香鯨圖鑑

● KU_PM020

● KU_PM015

● KU_PM010

● KU_PM021

● KU_PM016

● KU_PM011

● KU_PM022

● KU_PM017

● KU_PM012

● KU_PM023（花大C）

● KU_PM018

● KU_PM013

● KU_PM024（花小香、male）

● KU_PM019

● KU_PM014

● KU_PM035

● KU_PM030

● KU_PM025（花小鹿）

● KU_PM036（肥丫抹）

● KU_PM031

● KU_PM026

● KU_PM037（花小O）

● KU_PM032

● KU_PM027

● KU_PM038

● KU_PM033

● KU_PM028

● KU_PM039

● KU_PM034（花大冠）

● KU_PM029

KU_PM050

KU_PM045

KU_PM040

KU_PM051

KU_PM046

KU_PM041

KU_PM052

KU_PM047

KU_PM042（花小匪）

KU_PM053

KU_PM048

KU_PM043

KU_PM054

KU_PM049

KU_PM044

● KU_PM065

● KU_PM060

● KU_PM055

● KU_PM066

● KU_PM061

● KU_PM056

● KU_PM067

● KU_PM062

● KU_PM057

● KU_PM068

● KU_PM063

● KU_PM058

● KU_PM069

● KU_PM064

● KU_PM059

KU_PM080

KU_PM075

KU_PM070

KU_PM081

KU_PM076

KU_PM071（花小詠）

KU_PM082

KU_PM077

KU_PM072

KU_PM083

KU_PM078

KU_PM073

KU_PM084

KU_PM079

KU_PM074

● KU_PM085

● KU_PM086

● KU_PM087

● KU_PM088

● KU_PM089

● KU_PM090

● KU_PM091

● KU_PM092

● KU_PM093

● KU_PM094

● KU_PM095

● KU_PM096

● KU_PM097

參與Photo-ID攝影者：江文龍、何承璋、余欣怡、李宛蓉、沈瑞筠、林思瑩、邵麒軒、胡潔曦、張佳蓉、陳玟旭、陳冠榮等

協助辨識人員：王俐今、胡潔曦、陳采葳、潘培原

黑潮抹香鯨
線上資料庫

後記

七星潭抹香鯨寶寶擱淺救援紀實

文／林東良　黑潮海洋文教基金會執行長

二〇二四年七月二十六日清晨，叫醒我的不是鬧鐘，而是海洋保育類野生動物救援組織網（MARN）鯨豚擱淺通報群組的一則訊息「活體擱淺，德燕漁場海岸」。擱淺地點位於七星潭海灣的中段（現易名為朝金漁場），這裡是黑潮海洋文教基金會與林業及自然保育署花蓮分署公私協力經營二六一八保安林而非常熟悉的海岸。儘管距離市區車程不遠，路況也相當熟悉，但在經歷強烈颱風凱米兩日的侵襲後，城市與街道滿目瘡痍。

這將會是漫長的一天

擱淺的鯨豚是一隻抹香鯨寶寶，情況非常急迫。若動物擱淺位置還在浪區可能會嗆水，或因翻滾而導致胸鰭骨折；若在海灘上則需要擔心缺乏保濕與遮蔭而曬傷。但最重要的是後續的搬運該如何進行？抹香鯨寶寶估算起來應該也有將近一噸重，在海灘人力搬運困難，且過程對動物和人員都有極高的風險，勢必需要調度重機具協助，面對接下來種種救援步驟與規劃的思量，只能確定這將會是漫長的一天。

我開著剛租來的貨車抵達，車上載著剛從五金行採購來的大型整理箱和兩捲特大號耐拉扯垃圾袋，預備用來收納動物死亡後解剖的樣本及骨骼，因為就算是新鮮的樣本還是有鯨類特有的腥味，腐敗之後就更不用說了，搬運過程必須妥善包裹才行。

雖然凱米颱風逐漸遠離花蓮，不過警報尚未解除，海面看來寧靜美好，但七星潭海灣在經歷暴

抹香鯨寶寶身體可見胎褶紋路、腹部肚臍未癒合、尾鰭未完整展開。

潮後一片散亂，漂流木與廢棄物錯落於海灘上。守候在現場的海巡人員穿著鮮豔的橘色制服，讓紛紛前來的救援夥伴可以很快發現動物擱淺的位置，我便帶著救援設備和用品跨過管制線，大步朝動物前進。

從一早看照片然後走入現場，再走近動物，原本冷靜的思緒開始被自己挑戰著。我瞭解，文字與照片所能傳達的訊息還是太少，也太容易像是面對一件事情、一起案件，直到踏進現場，眼前的抹香鯨寶寶是一個生命。

真的只能人道處理了嗎？

「總是需要親自確認過的，對吧？」我對自己說。

「也許，你的媽媽也已經經歷過不得已的確認，而接受了嗎？」我內心對抹香鯨寶寶說。

「那你呢？」雖然，我知道自己這輩子都不會有答案，我也有一個一歲兩個月大的女兒。

我舉起相機先記錄下動物與環境的現況，在現場，我習慣透過相機快門逐一核對。對許多黑潮

MARN夥伴在現場時時留意抹香鯨寶寶的狀態。

的夥伴而言，相機如同一件信物與儀式，在每一趟帶領解說的賞鯨船班或是鯨豚擱淺救援的現場，都在幫助自己確認事實而非想像。

黑潮夥伴余欣怡與MARN的人員稍早已先用繩索簡易確保動物不會被滿潮的海浪帶離海灘，因為在水中滾動容易會造成嗆傷、骨折，而現在已經過了滿潮時間，海浪漸漸後退，擱淺的抹香鯨寶寶活動力也大幅減弱，想來是難以再回到海中了。由於動物重量過重，人力不容易將頭部轉向陸地，為免動物視覺持續受到人為活動的刺激，已先用濕浴巾遮蔽動物的眼睛；也經由鏡頭的望遠端掃視鄰近海域確認沒有其他徘徊的抹香鯨，因為鯨類可能對同伴牽掛在附近徘徊，而導致集體擱淺。

接下來將焦點回到抹香鯨寶寶身上，我開始靠近檢視動物身上的特徵，「不要背對海浪！」在空曠的海岸，余欣怡喊得比海浪更大聲。因為過度關注動物的我們，經常忽略了現場對於自身的風險。

一個生命，影響其他生命

我開始逐一拍攝：尚未完整展開的尾鰭、體表的胎褶、尚未癒合的肚臍等新生兒才有的特徵，以及達摩鯊咬痕、雄性生殖裂及肛門、頭部的噴氣孔與嘴巴等部位。暫時告一段落心裡還惦記著鯨類寶寶在哺乳階段舌頭會有的蕾絲邊特徵還沒拍到，在今天後續要找時間記錄下來。一個生命所能帶來的最大效益，是影響其他生命，一般在海上就算看到母子對、新生兒，也不太可能記錄到舌頭的特徵，若能留下紀錄，未來在志工培訓和教學時便可展示照片幫助理解。這次其實

以相機記錄抹香鯨寶寶的身體特徵。

也是我第一次在活體擱淺救援的現場，有過往的經歷和經驗豐富的余欣怡在現場，都讓彼此安心許多。

記錄了抹香鯨寶寶的狀態後，依據MARN機制回報並彙整各方建議，最終以作業手冊的判定條件為指引，逐項複核：考量動物是還在哺乳中的新生兒且體力快速下降；動物體型大、重量重搬運後送困難，亦無合適的救援站可收容並給予醫療照護；為免延長動物生命的痛苦，決定進行人道處理。

保育推動亟需在日常建立

時間接近中午，鎮靜劑及安樂死藥劑也都陸續送達，收到消息的記者也來到現場，由於颱風警報仍未解除，海巡人員積極的勸離非MARN的救援人員。不過，一位率先抵達的記者積極地希望突破海巡人員，能靠近動物拍攝畫面完成報導。

這起案例一來是鯨類物種中相對知名的抹香鯨，而且是容易引發關注的幼鯨，二來則是已經完成評估將採取人道處理。前者容易引起關注，後者則容易引發議論。

儘管黑潮海洋文教基金會的立場認為整起案例是可以討論的，但在一切救援正在進行而無法有足夠時間將脈絡清楚說明的當下，讓彼此都陷入了膠著，記者對於來到現場卻無功而返感到不滿，而我們則是對於短時間內匆促的採訪報導感到擔憂。

試想，閱聽眾在短促的報導中基於對生命的珍視，很容易會先放大人道處理的決策，引發負面情緒並以鍵盤留下「政府無能」和「保育團體棄守生命」的類似言論和標籤。這些輿論會造成現場救援人員與保育工作者偌大壓力，也可能對

上：黑潮夥伴以濕布遮蔽動物眼睛，避免受到人為活動影響。
下：動物死亡後以怪手搬運後送。

未來的保育推動產生不利影響。

將擱淺鯨豚的動物福利納入考量

然而，我們若能夠以同為哺乳類的經驗來設想，應該不難理解：鯨類幼年階段必然需要媽媽的哺育，在人類社會裡無法給予亦無法取代抹香鯨媽媽的陪伴與照顧；再者，經實測抹香鯨寶寶體長三點六公尺，現況沒有合適的收容空間，若真能順利收容，那意味著接下來還有至少兩年的哺乳期，隨著成長也需要加大收容空間、持續的照護及研究人力、野放訓練等等，在在都是高額的成本。對照如今政府在野生動物保育編列的預算，是不可能的。

我理解，輿論與保育的不同調，是每個人心中的價值之爭。同時我也理解，彼此都是出於愛，出於渴望鯨類生命、族群與生態能夠存續的愛。

隨著人類對自然環境的利用、科學研究持續與時俱進，保育工作依循實證基礎建立工作方法，也依實證基礎評估保育效益，人道處理亦是。因此，參與鯨豚救援任務需要清楚瞭解人類所能做

上：怪手將抹香鯨寶寶吊起，背景襯著天空與海洋彷彿再次悠游。
下：哺乳階段幼鯨的舌頭邊緣具有蕾絲邊特徵，喝奶時可以刺激母鯨分泌乳汁。

的極限，並能覺察救援不是為了自我滿足，而是將擱淺鯨豚的動物福利納入考量的情況下，可以採取的最合適決定。

人道處理不表示救援失敗，順利野放也不表示救援成功，在保育工作中成敗並非從個案論定，而是從一場一場的救援案例累積經驗，和一次一次的保育議題在社會議論中發酵之後，能否轉化成為保育鯨類的政策與行動，讓野外族群與生態能夠免於或減少人為威脅，健康的生存下去，才是保育成敗的真正挑戰。

附錄 參考資料彙整

Part 1

克里斯托弗・戴爾著、王晨譯（二〇一八），《世界妖怪圖鑑：神魔鬼怪》，楓樹林出版社

馬努葉爾・馬爾索著、葉淑吟譯（二〇一八），《亞哈與白鯨》，大塊文化

大隅清志著、張麗瓊譯（二〇〇〇），《鯨豚博物學》，大樹文化

臺灣本島首例！他淨灘撿到龍涎香 專家認證：上等真品（二〇二二年八月九日），東森新聞

Beale, T. (1839). The natural history of the sperm whale.

Lambert,O. et.al. (2017). Macroraptorial sperm whales (Cetacea, Odontoceti, Physeteroidea) from the Miocene of Peru.

Romero, A. (2012). When whales became mammals: the scientific journey of cetaceans from fish to mammals in the history of science.

Captain Boomer Collective. (2015). The why of the whale.

Part 2

余欣怡（二〇二一），抹香鯨的兄弟情，黑潮海洋文教基金會官網

王俐今（二〇二一），由近五〇〇〇筆資料描繪的花蓮賞鯨地圖，黑潮海洋文教基金會官網

夏尊湯、林思瑩（二〇二三），十年，二〇二三花小香又回來了，黑潮海洋文教基金會官網

林東良（二〇二三），黑潮抹香鯨個體資料庫公開——你拍的照片，也可以做保育！：黑潮海洋文教基金會官網

海洋委員會海洋保育署（二〇一九），臺灣海域賞鯨規範可行性評估暨推廣計畫

Exploring Our Fluid Earth. Activity: measuring whale dimensions.

Glarou, M. et.al.(2021). Estimating body mass of sperm whales from aerial photographs.

Michel, S. et.al. (2013). An acoustic valve within the nose of sperm whales.

Whitehead,H. (2024). Sperm whale clans and human societies.

Murakami, R. et.al. (2021). Logger attaching system for sperm whales using a drone.

Centelleghe, C et.al. (2020) .The use of unmanned Aerial Vehicles (UAVs) to sample the blow microbiome of small cetaceans.

Smith,S. C. et.al. (2006). The diet of Galapagos sperm whales as indicated by fecal sample analysis.

Sabina,M. et.al. (2021). Wild whale faecal samples as a proxy of anthropogenic impact.

Aoki, K. et.al. (2007). Diel diving behavior of sperm whales off Japan.

Beyer, E. J. (2021). Talking to animals: using AI to decode the language of whales.

Part 3

胡潔曦（二〇二三）海洋盛宴——抹香鯨落，黑潮海洋文教基金會官網

林東良（二〇一九）拯救地球暖化，和鯨魚一起成為英雄？還是扮演豬隊友？，黑潮海洋文教基金會官網

胡佳君（二〇二一）「帝國幻夢——恆春殖民產業之旅」（二）：國境之南的血紅海灣——鯨骨鳥居的由來，國立臺灣歷史博物館官網

一百一十一年度臺灣鯨豚族群調查計畫成果報告（二〇二二），海洋保育署

Roberts, J. (2014). Whales in Space.

International Whaling Commission (IWC). Commercial whaling.

Whitehead,H et.al. (2022). Current global population size, post-whaling trend and historical trajectory of sperm whales.

The National Geographic Society (2023) Dominica establishes world' s first sperm whale reserve, a boost for climate, biodiversity and the local economy.

Coto, D. (2023). Caribbean island of Dominica creates world's first marine protected area for endangered sperm whale.

Brito, C. (2008). Assessment of catch statistics during the land-based whaling in Portugal.

Redd, D. (2023). From whale hunting to whale watching in the Azores.

Brito, C. et.al. (2009). Sperm whales off the Azores.

Linde, M. L. et.al. (2019). An assessment of sperm whale occurrence and social structure off São Miguel Island, Azores using fluke and dorsal identification photographs.

Sagnol, O. (2014). Spatial and temporal distribution of sperm whales within the Kaikoura submarine canyon in relation to oceanographic variables.

Guerra, M. et.al. (2020). Changes in habitat use by a deep-diving predator in response to a coastal earthquake.

Gillespie, A. (2000). The bi-cultural relationship with whales: Between progress, success and conflicts.

International Whaling Commission (IWC). (2024). New Zealand: Kailoura adaptive management of an industry in harmony with traditional values.

Chami, R. et.al. (2019) Nature' s Solution to Climate Change.

IJsseldijk, L. et.al. (2018). Beached bachelors: An extensive study on the largest recorded sperm whale mortality event in the North Sea.

Vanselow, K.H. et.al. (2017) Solar storms may trigger sperm whale strandings: explanation approaches for multiple strandings in the North Sea in 2016.

Vanselow, K.H. et.al. (2005) Are solar activity and sperm whale strandings around the North Sea related?

Hu,C.H. et.al. (2023) The observation records from whale and dolphin watching inshore of Hualien, eastern Taiwan.

International Whaling Commission (IWC). (2016). Resolution on cetaceans and their contributions to ecosystem functioning.

Roman, J., et.al. (2010) The whale pump: marine mammals enhance primary productivity in a coastal basin.

World Cetacean Alliance (WCA). Designated whale heritage areas.

Taiwan Style 91

黑潮尋鯨：遇見噴風的抹香鯨

黑潮25年人文與科學調查紀錄首度公開

策劃	財團法人黑潮海洋文教基金會
撰文	張卉君、陳冠榮、余欣怡、莊慕華、蔡偉立
主要攝影	金磊、陳玟樺
插畫	江勻楷、瓦Z
地圖製作	陳文德
內容審定	余欣怡、蔡偉立
執行編輯	李怡欣
編輯協力	林東良、沈宥彤

編輯製作	台灣館
總編輯	黃靜宜
特約主編	王玉萍
編務行政	張詩薇、張尊禎
美術設計	陳文德
行銷企劃	沈嘉悅

發行人	王榮文
出版發行	遠流出版事業股份有限公司
地址	台北市中山區中山北路一段11號13樓
電話	（02）2571-0297
傳真	（02）2571-0197
郵政劃撥	0189456-1
著作權顧問	蕭雄淋律師
輸出印刷	中原造像股份有限公司

ISBN	978-626-418-028-3
出版	2024年12月1日 初版一刷　　2025年11月1日 初版二刷
定價	420元

YLib遠流博識網 http://www.ylib.com　E-mail:ylib@ylib.com

攝影 Credit ｜陳玟樺 封面、10-15、19、21、72-73、78-79、87、129 ｜簡毓群 書名頁、44-45 ｜金磊 24-25、64-65、77、80-81、84-85、92-93、99-101、121 ｜甘秋素 49、51-53 ｜林東良 55（上）、173（下）｜張佳蓉 55（下）、111 ｜江文龍 57（右）、58-59、69、88-89、112-113 ｜何承璋 57（左）｜胡潔曦 63、71（下）、83、90 ｜沈瑞筠 71（上）｜蔡偉立 94-95 ｜陳軍豪 124-125 ｜林韋言 135、139、153、154（下）、155-157 ｜黃毛 141-145 ｜汪正翔 147、148（下）、149（上）、150-151 ｜ 161-167 Photo-ID 攝影 江文龍、何承璋、余欣怡、李宛蓉、沈瑞筠、林思瑩、邵麒軒、胡潔曦、張佳蓉、陳玟旭、陳冠榮｜尹若宇 169-171 ｜曹琇惠 172、173（上）

圖片提供 Credit ｜ Project CETI 43 ｜金磊 130-133 ｜王建平 115、117、154（上）｜王浩文 116、136-138 ｜林俊聰 126-127、148（上）、149（下）｜華納公司出品電影海報36

解說員影像提供 Credit ｜何承璋 53 ｜夏尊湯 57 ｜胡潔曦 65 ｜張卉君 89 ｜余欣怡 71 ｜陳玟樺 78 ｜金磊 81

shutterstock 圖庫照片｜ 26-27、29、91、96-97、102-104、118-119

插畫 Credit ｜江勻楷內封、22-23、28、30、33、37、75 ｜瓦Z 46-47、60-61、67-68 ｜張廖淳心 122-123 ｜玉子日記 158

地圖 Credit ｜陳文德 98、105-107

國家圖書館出版品預行編目（CIP）資料

黑潮尋鯨：遇見噴風的抹香鯨：黑潮25年人文與科學調查紀錄首度公開/張卉君, 陳冠榮, 余欣怡, 莊慕華, 蔡偉立撰文. -- 初版. -- 臺北市 : 遠流出版事業股份有限公司, 2024.12

面；　公分. -- (Taiwan style ; 91)

ISBN 978-626-418-028-3 (平裝)

1.CST: 齒鯨亞目 2.CST: 自然保育 3.CST: 野生動物保育 4.CST: 臺灣

389.74　　113017178